# 建设项目环境监理案例选编

环境保护部环境影响评价司　编

中国环境出版社·北京

**图书在版编目（CIP）数据**

建设项目环境监理案例选编/环境保护部环境影响
评价司编. —北京：中国环境出版社，2012.11（2015.1 重印）
ISBN 978-7-5111-1113-5

Ⅰ. ①建… Ⅱ. ①环… Ⅲ. ①基本建设项目—环境监
理—案例—汇编 Ⅳ. ①X322

中国版本图书馆 CIP 数据核字（2012）第 214909 号

| | | |
|---|---|---|
| **责任编辑** | 黄晓燕 | |
| **文字编辑** | 李兰兰 | |
| **责任校对** | 扣志红 | |
| **封面设计** | 马　晓 | |

**出版发行**　中国环境出版社
　　　　　　（100062　北京市东城区广渠门内大街 16 号）
　　　　　　网　　　址：http://www.cesp.com.cn
　　　　　　电子邮箱：bjgl@cesp.com.cn
　　　　　　联系电话：010-67112765（编辑管理部）
　　　　　　　　　　　010-67112735（环评与监察图书出版中心）
　　　　　　发行热线：010-67125803，010-67113405（传真）
**印　　刷**　北京市联华印刷厂
**经　　销**　各地新华书店
**版　　次**　2012 年 11 月第 1 版　2013 年 9 月修订
**印　　次**　2015 年 1 月第 6 次印刷
**开　　本**　787×960　1/16
**印　　张**　16.5
**字　　数**　300 千字
**定　　价**　60.00 元

# 本书编写委员会

# 前　言

建设项目环境监理是建设项目"三同时"验收监管的重要辅助手段，对强化建设项目全过程管理、提升环评有效性具有积极作用。通过推行建设项目环境监理，有利于实现建设项目环境管理由事后管理向全过程管理的转变，由单一环保行政监管向行政监管与建设单位内部监管相结合的转变，对于促进建设项目全面、同步落实环评提出的各项环保措施具有重要意义。

2002 年 10 月，国家环保总局、原铁道部、交通部、水利部等六部委以环发[2002]141 号联合发布了《关于在重点建设项目中开展工程环境监理试点的通知》，要求青藏铁路等 13 个国家重点工程进行环境监理试点。2010 年 6 月以来，环境保护部先后在 14 个省、自治区和直辖市推行建设项目环境监理试点工作。目前，建设项目环境监理在许多地区、许多行业已经积累了大量的成功经验。

本书汇集了国内部分建设项目的环境监理典型案例，通过对实际的建设项目环境监理案例进行分析，重点介绍环境监理的工作程序、工作内容及工作方法，并对各个具体案例的亮点及工作经验进行总结，力求为建设项目环境管理和环境监理工作人员提供参考和指导。

编　者

# 目　录

# 深港联合治理深圳河第三期工程

长江水资源保护科学研究所

## 1 工程概况

深圳河是深圳和香港的界河，也是深圳市最重要的排洪入海河流。它发源于梧桐山牛尾岭（海拔 214.2 m），自东北向西南流入深圳湾，干流全长约 33.38 km。流域面积 312.5 km²，其中香港新界地区为 125 km²，占总面积的 40%。深圳河主要支流有深圳一侧的莲塘河、沙湾河、布吉河、李屋排河、福田河、新洲河和香港一侧的平原河、梧桐河。深圳河入湾河口至三岔河口的干流河段为感潮河段，该河段及支流莲塘河是深圳与香港的界河，行政区划按河道中心线分属深港两地。

由于界河的特殊性，深圳河长期没有整治，流域中下游两岸地势低洼，干流河段弯曲、河床窄浅、堤防标准低，加之潮水顶托，河道安全泄量小，以致洪水经常泛滥成灾，防洪标准仅 2～5 年一遇。历年的几次洪水，深港两地经济遭受严重损失。同时水体污染严重，乌黑发臭，对两岸的环境造成了极大影响。深圳河的治理保护对经济日益发展的两地人民具有极其重要的意义。20 世纪 80 年代初深港成立治理深圳河联合工作小组，并完成了《深圳河防洪计划报告书》，随后深港双方决定分三期实现深圳河治理工程计划。

第一期：对渔民村和落马洲两弯段进行裁弯取直与整治；主体工程投资 2.79 亿港元。1995 年 5 月 19 日正式开工，合同工期 24 个月，完工时间为 1997 年 5 月 18 日。

第二期：对罗湖铁路桥至深圳河河口未整治河段进行整治；主体工程投资 1.888 亿港元。1997 年 5 月 13 日开工，于 1999 年 5 月 12 日完工。

第三期：对罗湖铁路桥至平原河河口长约 4.05 km 河道进行整治；工程建设投资约为 4.316 亿港元，于 2001 年 12 月开工，分为 A、B、C 三个合同进行施工，主要包括以下工程项目：

（1）河道工程。

1）对从第一期工程起点至平原河口的现有河道进行拓宽、挖深和局部裁弯取直，同时需考虑与入汇支流梧桐河、沙湾河、平原河的衔接；

2）对规划的长约 4.05 km 的新开挖河道进行护坡和护岸；

3）对局部河床冲刷较严重的河段，采用防护措施进行护底。

（2）堤防工程。新修规划新河道两岸的堤防及挡土建筑物。

（3）桥梁工程。受第三期工程影响的过境桥梁有罗湖铁路桥、罗湖人行老桥、罗湖人行新桥、文锦渡行车老桥、文锦渡行车新桥五座。在第三期第二阶段工程中，需对这五座桥梁进行加固或改造。

（4）重配工程。包括两岸排水重配工程、东深供水水管重配工程和其他重配工程。

## 2 工程产生的主要环境影响

《治理深圳河第三期工程环境影响评估报告》（以下简称《环评报告》）从 1998 年 5 月开始，历时 20 个月，于 2003 年提交正式报告，先后经深圳环保局组织的国内专家审查以及香港 ACE（Advisory Council on the Environment）咨询，获得深港双方政府环境保护部门的批准。深圳市环境保护局于 2000 年 5 月 31 日对三期工程环评报告正式发出批复。香港环保署于 2000 年 8 月 3 日发出环境许可证（许可证编号 AEP-078/2000）。

"环评报告"依据国家环境影响评价报告技术导则和香港《环境影响评估条例》及其备忘录编制，主要结论如下：

（1）环境空气。工程对空气质量的影响主要是施工期间的灰尘排放。如果无减缓措施，（24 h 平均）TSP 预测浓度与本底浓度叠加后，深圳侧 2 个敏感受体和香港侧 4 个敏感受体的 TSP 浓度均将超标。采取相应减缓措施后，所有的敏感受体日平均 TSP 将减少 15%～60%，所有的敏感受体都将达到相应的标准。

（2）声环境。在建造期间，深圳河香港一侧不难达到港方日间的施工噪声标准。各施工活动单独作业时，香港侧噪声敏感受体罗湖村、木湖村和瓦窑村的噪声不会超过日间标准[75 dB（A）]，罗湖公立学校的噪声也不会超过日间标准[70 dB（A）]；但在考试期间，罗湖公立学校的噪声将超过相应日间标准[65 dB（A）]，超标范围在 2～4 dB（A）。在采取适当（建议）的减缓措施后，罗湖公立学校的噪声可减至可以接受的水平[63 dB（A）]。

深圳侧规定以施工场界噪声为控制目标。深圳侧日间施工噪声标准较难达到。在建造期间，施工项目单独进行所产生的声功水平既能令深方施工场界的噪声超标，也可使深圳侧噪声敏感受体边检宿舍和罗湖四村超标，但不会使深圳侧噪声敏感受体向西中学、华侨新村和新秀村超标。各施工项目单独进行时，罗湖四村的噪声超标 2～4 dB（A）；边检宿舍距离施工场界 28 m，超标严重，达到 10～12 dB（A），须采取环评报告建议的附加措施方能使噪声降至可接受的水平。

夜间及公众假日噪声标准更为严格，单台机动设备产生的噪声都可能令深圳侧的噪声敏感受体（噪声感应强的地方）超标。因此，除紧急情况外，应禁止在夜间及公众假日进行施工作业。

建造期间施工场地内外的车辆运输噪声对周围噪声感应强的地方所造成的影响在可接受的范围内。船舶运输噪声对香港侧噪声感应强的地方所造成的影响在可接受的范围内；对深圳侧噪声敏感受体，在采取适当的减缓措施后，其影响也可接受。

（3）水动力学。三期工程实施后，平原河口以下可防御 50 年一遇的大洪水，由于该段以下行洪畅通，莲塘河和平原河的来水得以顺畅宣泄，河口水位有较大幅度的降低，可大大改善这两条河流上游的行洪条件，减少洪水发生时引起的内涝损失。

（4）泥沙输移。工程施工期间，除洪水期外，三期工程以下河段将主要表现为淤积状态，如不采取适当的减缓措施，预计将有 1.8 万 $m^3$ 的施工泄漏泥沙产生，并沉积于下游河道内。

工程继续运行两年后，深圳河部分河段将不能满足工程的要求，由于上游洪水发生的随机性，为了保证行洪安全，治理深圳河工程投入运行后，有必要进行维护性疏浚。

工程竣工后，除大洪水外，来自上游的泥沙大部分将沉积在治理后的河道内。大洪水期间，罗湖以下 1 000 m 左右的河段将会发生冲刷。

维护性疏浚施工引起的再悬浮泥沙大部分将沉积于河道内。

（5）水质。治理深圳河工程并不增加深圳河的污染负荷，因此，工程施工不会直接导致深圳河总体水质污染加剧，工程施工对水质的影响主要表现为疏浚作业引起泥沙再悬浮，导致悬浮物增加。研究表明，只要在疏浚施工中采取适当的减缓措施，施工引起的泥沙再悬浮影响能控制在可接受的范围内。

工程完工后，由于污染物稀释、迁移、转换条件的改善，深圳河水质污染状况将有所缓解。平原河口以下水流条件的改善，有利于污染物向下游输送，平原河口以上河段的环境容量也将有所增加。因此，三期工程对于改善平原河口以上河段的水质是有利的。

维护性疏浚期，疏浚作业不会导致深圳河污染负荷的增加，因此，深圳河水质不会因维护性疏浚而恶化。只要采取了环评报告所推荐的减缓措施，疏浚作业对深圳河水质（悬浮物）不会产生明显影响。

工程对水质（悬浮物）的影响，在采取减缓措施后可以接受。

（6）弃土处置。三期工程范围内岸边土质量良好，弃置的生态影响轻微，可在弃置场弃置；虽然部分污染物浓度超过国家海洋局海上倾废暂行规定的浓度限值，但浸出实验的结果满足要求，按规定可以在国家指定的海上倾倒场弃置。

河道沉积物中有一半以上是未受污染或污染较轻的淤泥，有部分淤泥重金属污染严重，超过 C 类标准（香港疏浚物分类标准），如在陆地弃置，将产生极强的生态危害，因而污染土不宜在陆上弃置。

环评报告建议将污染土全部弃置于香港东沙洲海上倾倒区；部分非污染土（40万 $m^3$）弃于香港侧南坑及附近洼地和山谷，其余非污染土（约 100 万 $m^3$）弃于内伶仃洋。如此，在采取适当措施后，弃土对水质、空气、噪声、生态、景观与视觉和本地区将来发展的影响均属可接受。

（7）生态环境。工程建设对生态的影响包括永久性影响和暂时性影响两个方面。暂时性影响在工程完成后即可消失，所受影响可逐步自然恢复；永久性影响则须采取减缓措施予以补偿，以达到原有的生态功能。

永久性影响包括：生境的直接损失和永久失去、增加生境的零碎性、增大生态障碍、湿地生物减少及对动物的滋扰。

在采取环评报告推荐的减缓措施后，工程对生态的影响可以接受。

（8）水土流失。三期工程施工期间，河道清淤、场地开挖、弃土处置、堤防填筑、物料堆放，以及其他工程建设活动，将不同程度地改变工程区现状地表形态和原有土地利用类型，破坏原生植被和水土保持设施，使土地丧失原有的水土保持功能。如不采取水土保持措施，则可能造成新的水土流失。

采取水土保持措施后，工程水土流失可以控制乃至避免。

（9）景观与视觉。工程对视觉的负面影响表现在建造期，属于临时性影响；景观资源的损失与破坏，可通过补偿措施予以恢复，在采取环评报告推荐的减缓措施后，大部分景观与视觉的影响均可降至中等以下。

（10）古物古迹及文化遗产地点。受工程影响的罗湖铁路桥和罗湖人行老桥具有历史价值，罗湖铁路桥将予以保存；具有一定历史价值的罗湖人行老桥将被拆除，但其档案资料将详细保存下来。

工程范围内考古潜在价值并不高，仍须由专业考古学者作出评估。

（11）公共卫生。工程施工及维护期，对卫生状况有短时的轻微不利影响，但工程施工人员及周围居民的身体健康状况不会因此下降，随着施工活动结束，这些不利影响将消失；工程建成后，深圳河工程沿岸地带公共卫生状况将有明显改善。

# 3　环境监理工作依据、程序及方式

## 3.1　工作依据

治理深圳河第三期工程环境监察（相当于内地环境监理）的工作依据是《治理深圳河第三期工程合同 A、B、C 工程环境监察与审核任务合同文件》《治理深圳河第三期工程环境影响评估报告》以及深圳市环保局批复文件、香港环保署颁发的合同 A、B、C 工程环境许可证及其所附条件，《治理深圳河第三期工程环境监察与审核手册》（简称《环监手册》），合同 A、B、C 工程环境保护设计文件及施工承建合同等。

环境监察遵循深港双方的法律法规、技术标准，在深圳一侧执行国内环境标准，在香港一侧执行香港环境标准。

根据香港《环境影响评估条例》，环境监察与审核是为及时掌握工程各阶段的环境质量状况及变化趋势，避免工程及工程施工活动对环境产生不良影响的一种制度。它为工程的环境保护提供一种机制，为控制环境污染提供一种预警措施。其主要内容包括：

（1）通过基线监察、影响监察和标准符合监察，系统收集环境数据；

（2）整理和分析环境监察数据，以确定工程建设期和维护运行期环境因素的有关变化记录；

（3）评估环境管理系统、措施及程序的有效性；

（4）审核环境监察结果，确定是否满足相关的环境法规和标准，界定环境质量表现规限；

（5）根据环境因素表现规限，确定采取相应的行动计划；

（6）评估环境影响评估报告预测的正确性；

（7）依法接受并处理各种渠道的公众投诉；

（8）雇主下达的其他环境监察与审核任务；

（9）定期或不定期出席工程例会和其他与本工程有关的会议，并回答公众、社会团体、政府就工程的环保方面提出的问题；

（10）根据上述环境监察与审核工作，形成并提交报告，包括基线监察报告、环境监察与审核月报和季报。

## 3.2 工作程序、方式

治理深圳河第三期工程环境监察与审核任务通过招标方式确定监理单位为长江水资源保护科学研究所，按照香港环保署颁发的工程环境许可证第 2.1 条款规定，需成立一个独立的环境监察与审核小组（相当于内地环境监理现场机构，以下简称环监小组），监理单位于 2001 年 10 月成立环监小组，由 7～9 人组成，包括水质、空气、噪声、水土保持、生态、文物保护、环境监测等专业人员，环监小组成员经过治河办和香港渠务署、环保署资格审查批准后，于工程开工前两个月进驻工地现场，开展基线监察工作，制定环监计划。

环境监理范围主要在施工围网（基本与深港两侧的边境围网重合）以内及其邻近受工程影响的地区，见图 1。

### 3.2.1 工程环境管理体系及各方职责

（1）深圳市治理深圳河办公室。深圳市治理深圳河办公室（简称治河办）作为深港双方政府工程建设的业主，负责环评报告建议的环保措施和环境许可条件的落实。治河办下设专门部门和人员负责工程环评、环保设计、工程建设及相关的环境保护管理与监督工作（包括公众咨询），对深港双方环保政府部门负责。深港双方政府通过安全环保保安月会、环监小组提交的环监报告等渠道了解和监督环境保护减缓措施的执行情况。

（2）工程主任。工程主任（包括工程监理）作为三期工程建设的责任人，负责工程建设和环境保护减缓措施的实施，工程主任对业主负责。

（3）承建商。承建商作为工程建设和环境保护减缓措施的执行者，按建造合同中有关环境保护的要求，实施相应的环境保护减缓措施。承建商下设专门机构和人员，制定环保措施的实施方案，在方案经环监小组审核，并经业主和深港双方环保部门批准后实施。承建商在环保方案的制订和实施过程中均须接受环监小组的监督。

（4）环监小组。环监小组受雇业主，独立于工程主任系列，依据深港双方环保法规、环境许可证、环评报告的建议，以及《环监手册》开展环境监理工作。环监小组监督承建商实施环保措施，接受和处理公众投诉，以及和业主及深港双方环保部门的指令和建议，并向业主及深港双方环保部门报告环保措施的执行情况。

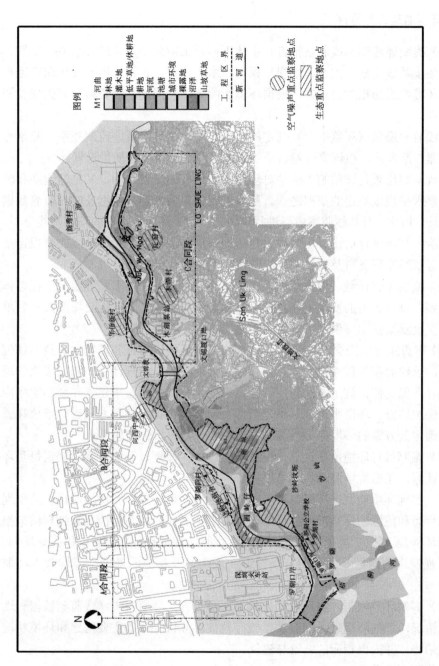

图 1　治理深圳河第三期工程环境监测范围示意

### 3.2.2 环境监理工作程序

（1）提交建造期基线监察报告。主体工程开工前两个月内进行水质、空气、噪声的环境基线监察。生态、景观与视觉、水土保持、古物古迹与文化遗产地点保护等环境要素的相对稳定性，根据环境影响评估期间的基线资料和有关最新资料来确定。

基线监察遵循《环监手册》规定的监测时间、监测参数、监测频率、测量方法、仪器校准要求，按国家计量认证规定的程序进行了三级质量管理。

基线监察结果是评估施工活动对环境影响程度的重要依据，又是建造期和维护期监察水平规限制定的依据之一。基线监察结束后，环监小组及时对监测数据分类统计、核实，对基线监察成果进行审核与评估，并综合收集的环境基线资料，与环评阶段基线进行对比分析，得出建造期环境监测要点，形成基线监察报告呈报。所有基线监察资料及成果于基线监察工作完成存档备查。

（2）编制环监计划。根据环评报告和《环监手册》的要求和规定、工程总体施工计划，以及业主的要求编制建造期环境监察与审核计划，提交环监人员名单及实验室仪器设备配置供业主及深港环保局（署）审查备案。

（3）审查承建商提交的环保方案（文件）。按环境许可证和环境保护技术规范的要求，承建商在工程建设不同时期须分别提交《环境管理计划》和《废物管理计划》等环保文件，施工方法与原计划发生变化和变更时，承建商亦须制定相应的环境保护措施。环监小组须对承建商提交的环境保护文件和方案进行审核和评估，以确定其方案的环境保护措施和效果不差于环评报告的建议。

（4）编制每月环境监察计划。根据施工进度、计划以及业主要求制定每月环境监察计划，包括现场监测和现场巡视。

（5）实施环境监察。按每月环境监理计划展开现场监测和现场巡视。处理现场违规行为和监测超标情况；按行动计划要求，必要时将超标情况和处理结果报告深港环保局（署）；接受并处理公众投诉；回应深港环保局（署）和公众质询。现场巡视发现的问题、接受的公众投诉（质询）及相应的处理结果均载入环监日志。

（6）编制环监报告。将环监结果纳入环监报告。环监报告详载监测数据和现场巡视情况，评估环境质量和减缓措施有效性，分析存在的主要问题和环境状况的变化趋势，并提出相应的结论与建议。

工作程序见图2。

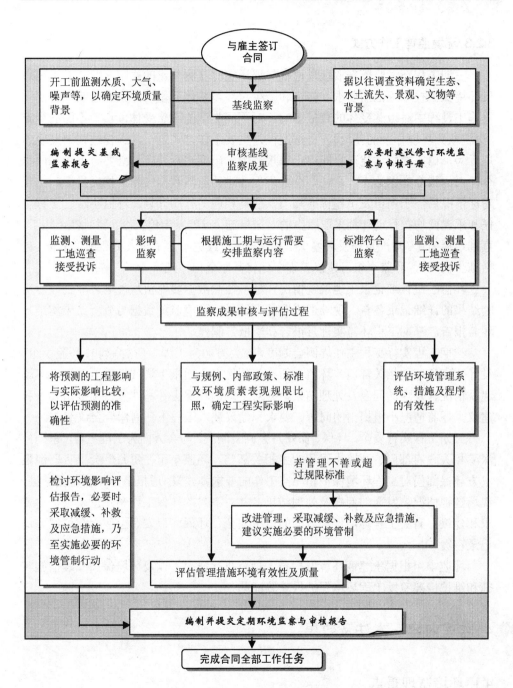

图2 环境监理工作程序

### 3.2.3 环境监理工作方式

三期工程环境监察采取现场巡视与现场实时监测并重的原则，既要求不得违反环境保护技术规范的要求，防止和减少对环境总体质量的污染和影响，特别注重施工过程中对敏感受体的直接影响，对不同类型的敏感受体，实行不同的标准（深港双方环境标准的差异）。日常巡视是主要工作方式之一，巡视过程中发现违规行为，口头通知承建商立即停止违规行为，限期进行整改，必要时下达书面指令，书面指令亦送达工程主任，令其督促改进。监测数据（噪声扰民投诉）出现超标情况后，于当日发出超标通知书，启动相应的行动计划。环监小组、工程主任和承建商均按行动计划采取相应的对策措施，可能发出停工令，暂时停止施工，直到达标为止。对严重违反环境保护技术规范、改进不力工作人员和施工单位（包括施工机械），环监小组可建议工程主任将其驱逐出工地。

环监小组详细记录工地巡视情况，环境监测数据要保留从现场采样到最后实验结果的详细记录备查。现场巡视及处理结果、环境监测数据与分析结果均纳入环监报告。三期工程环监实行月报告和季报告制度。

三期工程实行工程主任周例会制度，与会方面为工程主任（系列）、环监小组、设计代表和业主相关部门。环监小组在每周例会上通报上周环境监测结果、现场巡视情况、发现的问题及处理结果，并对下周的环保工作和注意事项提出要求和建议。环监情况小组提出的问题、要求和建议载入工程主任周例会会议纪要。

三期工程实行安全、环保、保安月会例会制度，与会方面为工程主任（系列）、深港相关政府部门、环监小组和业主相关部门。环监小组在每月例会上听取深港双方环保部门对工程环境保护和环监工作的要求和建议，通报上月环境监测结果、现场巡视情况、发现的问题及处理结果，并对下月的环保工作和注意事项提出要求和建议。有关工程环境保护方面的情况安全、环保、保安月会例会会议纪要均记录在案。

环监小组根据承建商环境保护技术规范执行情况，以及环境保护减缓措施实施和维护情况签发工程环境保护付款签证单。

# 4 监理内容、方法及效果

## 4.1 环境监理重点

在深圳一侧，工程地处深圳市最繁华的地区——罗湖区和福田区。受边境条件的限制，施工场地狭窄，紧靠市区，噪声敏感受体多，分布广，而且与噪声源的距离短，易受工程噪声污染。本工程噪声源分相对固定的噪声源，如河道工程、重配工程和桩柱；流动噪声，如陆路交通车辆和航运噪声，此外运送污染土至香港东沙洲以及运送非污染土至内伶仃洋的航运噪声也会对沿程的鸟类及其他动物的栖息、觅食产生滋扰。

深圳湾和深圳河是具有全球意义的重要湿地生态系统，三期工程所在地区的林地、沼泽和鱼塘等为野生动物提供了栖息和觅食的重要生境，掌握工程对其所在地区及深圳河湾生态系统的影响程度，防止本地区生态系统受本工程的破坏，是环境监理工作的重点之一。

深圳河口红树林和鸟类　　　　　　　　　　深圳湾鸟类

工程建造将不同程度地改变深圳河湾的水文情势，水下疏浚挖泥将造成泥沙的再悬浮，并将会吸附或释放水污染物（尽管深圳河已经受到较大污染），导致深圳河湾地区沉积物类型（沉积物颗粒与冲淤形势）和沉积（冲刷或淤积）速率的变化，进而影响水生动植物和底栖生物的生长环境以及整个深圳河湾的生态结构。

从场地清理到工程完成竣工，将会产生大量种类各异的废弃物。对工程产生的废弃物如果管理不善、处理不当，将会产生诸多环境问题，对包括水质、空气、土壤、景观与视觉等多方面的环境要素造成不利影响，也是监理的重点。

以上环境要素是在整个施工期内需要重点关注的，除此之外，在不同的施工时段，不同的地段，其他环境要素亦有其侧重点，如在旱季，罗湖口岸河段，工程施工产生的扬尘和景观与视觉对往来深港两地的人流的影响是需要重点关注；在工程实施期间，正值全国 SARS 肆虐，参建人员的健康此时为重中之重。

## 4.2 环境监理内容

工程开工后，承建商须在每个工地出入口显著位置公布环境许可证，方便公众阅读，了解许可证条件，并公布投诉电话。承建商须根据工程总体施工计划和施工方案，按照设计文件中环境保护技术规范的要求，编制完成《环境管理计划》和《废物管理计划》，经工程主任和环监小组审核后实施，其中《废物管理计划》尚需得到香港环保署的批准。此两份文件亦是环监小组实施现场监理的依据。对于各主要分项工程和变更设计，承建商亦需在施工方案设计中，提出相应的环境保护措施，并得到环监小组组长的批准。承建商对所有单项环境保护措施，其方案须经由环监小组组长审核，符合环境许可证和环评报告的建议，经同意后实施。

工地出入口的环境许可证展示箱

环境投诉电话

三期工程环监按照《环监手册》规定的内容进行，包括：空气、噪声、水质、废物、生态、水土保持、文物、景观与视觉、古物古迹及文化遗产地点保护，以及河口泥滩沿程速率和粒径分布。

### 4.2.1 水质

工程施工对深圳河水质的影响主要来自三个方面：其一是水下疏浚挖泥；其二是桩柱工程施工用泥浆及废浆防护不当；其三是工程水土流失。对于水下疏浚，严格控制泥沙的再悬浮和上下迁移的距离，密切关注泥沙再悬浮引起的二次污染。制定并监督减缓措施的实施，评估减缓措施的效果，防止疏浚挖泥引起的水质污染（主要是泥沙再悬浮）超过水平规限。对桩柱工程和水土流失的影响，其中监察的重点是要求承建商合理安排施工计划、精心组织施工部署，同时加强现场巡察和现场监督，及时制止违规行为。要求承建商严格执行工程水土保持方案，尽可能减少对下垫面的扰动，对易形成水土流失的地点进行有效防护，对已完工面要督促承建商尽快恢复植被。要求承建商在桩柱工程施工中合理安排场地，需有足够容量的泥浆池和沉砂池，及时进行维护，杜绝跑浆、漏浆和将废浆直接排入深圳河现象的发生。水质监察控制标准见表 1。当监测数据超过表 1 的水平规限时，工程建设各方须按表 2 的要求采取相应措施。

**表 1　治理深圳河第三期工程建造期水质监察启动、行动和极限水平规限**

| 水　平 | 规　　　限 |
|---|---|
| 启动水平 | 控制点 SS 含量同时：<br>高于 243 mg/L<br>一个监测日内高于对照点含量的 30%（即高于 SS＋SS×30%） |
| 行动水平 | 两个连续监测日中控制点值均超过启动水平 |
| 极限水平 | 三个连续监测日控制点值均超过启动水平 |

**表 2　治理深圳河第三期工程建造期水质监察行动计划**

| 事件 | 行　动　计　划 | | |
|---|---|---|---|
| | 环境监察审核小组 | 雇（业）主 | 承　建　商 |
| 启动水平 | 1. 复查监测数据；<br>2. 识别影响源；<br>3. 如确因施工引起，通知雇主；<br>4. 检查实验室和仪器设备以及承建商工作方法；<br>5. 与工程主任及承建商讨论减缓措施；<br>6. 超标停止后，通知工程主任 | 1. 与环监小组和承建商讨论减缓措施；<br>2. 批准减缓措施的实施；<br>3. 评估减缓措施实施效果 | 1. 检查施工方法和施工设备；<br>2. 更正不当作业方式；<br>3. 接工程主任通告 3 天内提交减缓措施；<br>4. 实施经批准的减缓措施 |
| 行动水平 | 同启动水平，另增加：<br>1. 超标的第二天继续监测；<br>2. 如持续超标，与工程主任、香港环保署及深圳环保局商讨减缓措施；<br>3. 向雇主、香港环保署及深圳环保局报告减缓措施实施情况 | 1. 立即通报香港环保署和深圳环保局；<br>2. 责令承建商采取必要的减缓措施防止水质进一步恶化；<br>3. 评估减缓措施效果；<br>4. 责令承建商采取进一步的减缓措施 | 同启动水平，另增加：<br>1. 如有必要，改变施工方法；<br>2. 接工程主任通告 3 天内提交进一步的减缓措施 |

| 事件 | 行　动　计　划 | | |
|---|---|---|---|
| | 环境监察审核小组 | 雇（业）主 | 承 建 商 |
| 极限水平 | 与行动水平相同，另增加：立即向雇主、工程主任提交超标成因的调查报告及防止超标的建议 | 同行动水平，另增加：<br>1. 指令承建商仔细检讨工作方法；<br>2. 如继续超标，应责令承建商停止或放慢全部或部分施工活动或进度 | 1. 立即采取措施避免超标继续发生；<br>2. 检查施工方法、机械设备，并考虑改变施工方法；<br>3. 接工程主任通告 3 天内提交更进一步的减缓措施；<br>4. 实施经批准的减缓措施；<br>5. 如超标未得到控制，再次向工程主任提交新的减缓措施；<br>6. 按工程主任指令放慢或停止全部（或部分）施工活动，直至超标停止 |

## 4.2.2　固体废弃物

在开工前，承建商须提交一份《废物管理计划》供香港环保署批准，环监小组对《废物管理计划》进行审核，是否满足环评报告和环境许可证条件对废物管理的要求。《废物管理计划》须说明废物产生的时段、类型、数量、处置（方法、程序和地点），以及废物管理和处置的负责人，还需说明减少废物产生、对废物进行维护的方法和途径，以及废物收集、临时存放、回用的地点和方法。

深圳河三期工程非污染土海上弃置转运场（深圳湾）

固体废弃物监察的主要内容是检查并督促承建商严格执行《废物管理计划》，在规定的时间、规定的地点弃置规定的固体废物。污染土弃置香港东沙洲，非污染土弃置内伶仃洋，在监理过程中及时纠正承建商在废物管理中的违规行为，并令其及时整改。

### 4.2.3 环境空气

深圳河工程治理的主要空气污染物是粉尘和施工机械排出的尾气。对于车辆尾气，在本工地不允许因车辆维护不善而排放黑烟。承建商需加强施工物料、施工道路和施工场地的管理，采取洒水等措施防止和减少粉尘的产生。承建商须经常清洗车辆，严禁施工车辆将泥土带入公共道路。三期工程粉尘控制标准见表3，当监测数据（24 hTSP）超过表3的水平规限时，工程建设各方须按表4的要求采取相应措施。

运输车辆驶出工地清洗　　　　　　　　　　工地大气采样器

表3　治理深圳河第三期工程空气监察启动、行动和极限水平规限

| 水　平 | 深圳侧/（μg/m³） | 香港侧/（μg/m³） |
|---|---|---|
| 启动水平 | 24 hTSP：260 | 24 hTSP：200 |
| 行动水平 | 24 hTSP：310 | 24 hTSP：230 |
| 极限水平 | 24 hTSP：360 | 24 hTSP：260；1 hTSP：500 |

表4　治理深圳河第三期工程建造期空气监察行动计划

| 事件 | | 行　动　计　划 | | |
| --- | --- | --- | --- | --- |
| | | 环境监察审核小组 | 雇（业）主 | 承　建　商 |
| 启动水平 | 一个以上样品超标 | 1. 鉴别污染源；<br>2. 通知雇主；<br>3. 复查超标样品结果 | 1. 通报承建商；<br>2. 核查监察资料；<br>3. 检查承建商工作方法 | 1. 更正不当作业方式；<br>2. 如果必要，改变施工方法 |
| 行动水平 | A. 一个样品超标 | 同启动水平，另增加：增加监察频率 | 同启动水平 | 同启动水平 |
| | B. 两个以上样品连续超标 | 同行动水平A，并增加：<br>1. 与雇主商讨必要的补救措施；<br>2. 如果继续超标，与雇主一起开会讨论；<br>3. 如果超标停止，恢复正常监察频率 | 1. 拟定书面通知单并通告承建商；<br>2. 核查监察资料并检查承建商的工作方法；<br>3. 与环境监察审核组长、工程主任及承建商商讨可能的补救措施；<br>4. 确保合适的补救措施的实施 | 1. 接到雇主通告3个工作日内向雇主提交补救措施建议；<br>2. 实施被批准的建议措施；<br>3. 如果必要，修订所建议的补救措施 |
| 极限水平 | A. 一个样品超标 | 1. 识别污染源；<br>2. 通知雇主及深圳市环保局和香港环保署；<br>3. 复查超标样品结果；<br>4. 增加监察频率；<br>5. 评估承建商补救措施的有效性，将其结果通知深圳市环保局和香港环保署 | 1. 拟定书面通知单并通告承建商；<br>2. 核查监察资料并检查承建商的工作方法；<br>3. 与环境监督审核组长、工程主任及承建商商讨可能的补救措施；<br>4. 确保补救措施有效地实施 | 1. 立即采取措施，以免继续超标；<br>2. 同行动水平B的1、2、3条款 |
| | B. 两个以上样品连续超标 | 同极限水平A的1、3、4、5条款，另增加：<br>1. 将超标原因及所采取的行动通知雇主及深圳市环保局和香港环保署；<br>2. 调查超标原因；<br>3. 与雇主及深圳环保局和香港环保署召开协调会，共同商讨拟实施的补救措施；<br>4. 如超标停止，恢复正常监察 | 同极限水平A的1、2条款，另增加：<br>1. 分析承建商的工作程序，确定可能实施的减缓措施；<br>2. 召集环境监察审核组长、工程主任及承建商讨补救措施；<br>3. 随时监督承建商补救措施的实施，以确保其有效性；<br>4. 如继续超标，则对工程活动加以分析，责令承建商停止引起超标的工程活动，直至达标为止 | 同极限水平A的1、2、3条款，另增加：<br>1. 如果超标仍未得到控制，重新提交补救措施建议；<br>2. 停止雇主决定的有关工程活动，直至达标为止 |

### 4.2.4 噪声

    承建商须经常对施工机械进行维护，保证施工机械处于良好的运行状态。对高噪声机械和施工项目分别采取降噪措施，降低噪声污染源，施工区和影响区的噪声影响须在相应的控制标准以内，避免施工噪声扰民。对受工程影响较大的噪声敏感受体，承建商须按环评报告的建议和要求修建临时隔声屏障，并进行日常维护，以保证其正常发挥作用。三期工程噪声控制标准见表 5，当监测数据〔30 min dB（A）〕超过表 5 的水平规限时，工程建设各方须按表 6 的要求采取相应措施。

香港侧罗湖公立小学噪声监测点　　　　香港侧隔声墙（罗湖村和罗湖公立小学）

表 5　治理深圳河第三期工程建造期间噪声的启动、行动和极限水平规限

| 启动水平 | 行动水平 | | 极限水平 | |
|---|---|---|---|---|
| | | | 香港侧 | 深圳侧 |
| 在 19：00—7：00 接到一起噪声扰民投诉 | 非节假日及周末 7：00—19：00 | 港方：一周内接到一起以上噪声扰民投诉；深方：一周内接到同一噪声源的 3 起投诉 | 同一测点连续 2 次超出 75 dB（A） | 一周内接到同一噪声源 4 起以上投诉 |
| | 19：00—23：00、节假日及周末 7：00—23：00 | | 同一测点连续 2 次超出 70 dB（A） | |
| | 23：00—7：00 | | 同一测点连续 2 次超出 55 dB（A） | |

表6　治理深圳河第三期工程建造期间噪声监察行动计划

| TAL | 行　动　计　划 | |
|---|---|---|
| | 环境监察审核小组或雇主 | 承　建　商 |
| 启动水平 | 1. 通告承建商；<br>2. 调查分析超标原因；<br>3. 要求承建商采取一定的减缓措施 | 实施减缓措施 |
| 行动水平 | 1. 通告承建商；<br>2. 调查分析超标原因；<br>3. 要求承建商提出减缓措施建议并实施；<br>4. 增加监察频率以核查减缓措施效果 | 1. 向雇主和环境监察审核小组提交降噪措施；<br>2. 实施减缓措施 |
| 极限水平 | 1. 通告承建商；<br>2. 通知深港环保局（署）；<br>3. 要求承建商实施减缓措施，并增加监察频率以核查减缓效果 | 1. 实施减缓措施；<br>2. 向雇主和环境监察审核小组提交实施减缓措施后的效果材料 |

### 4.2.5 水土保持

水土保持环境监理的主要内容是，监督承建商尽量保护现有植被，不得随意砍伐和毁坏工程区内的树林和植被，确需破坏的，要按照工程进度和分项工程施工的时间和地点，有步骤分时分段进行，严禁普遍开花。施工场地须有完备的排水系统，并经常进行维护。堤防填筑和土方弃置要及时进行碾压，高边坡辅以工程措施进行防护，必要时（雨季）须对产生水土流失的地方用纺织物进行覆盖。

### 4.2.6 生态及河口泥滩沉积物

主要对进入或栖息在施工区及附近生境的鸟类、湿地补偿恢复效果和植被种植成效进行监察。鸟类的监察工作在工程开工后进行，并持续到工程结束后2年；湿地恢复效果和植被种植成效的监察从湿地和植被的恢复工程开始持续到恢复完成后2年。按《环监手册》补充说明，河口泥滩沉积物监察在施工结束后的两年内进行，观测泥滩沉积速率和颗粒物分布。

所有生态补偿工程在实施前，环监小组审核其实施方案是否符合环境许可证及环境保护技术规范的要求。施工开始后，严格按《环监手册》规定的内容、时间、方法进行监察。根据"同类弥偿同类"生态缓解措施原则，监察湿地生境补偿的生态恢复效果，植被种植成效主要包括种植植物的种类和生长情况（植物种类、密度、高度、成活率、覆盖率）；鸟类对补偿的湿地生境的利用是湿地补偿生态恢复效果主要指标，鸟类种类和个体数量的变化直接反映工程的生态剩余影响程度和生态恢复工程的效果。鸟类专家沿工程区进行鸟类观测，观察施工期内鸟类种类和数量的变化情况，鸟类观测在 10 月至次年 3 月每月进行一次，4—9 月每两月一次。将监察结果与基线结果进行比照，评估生态剩余影响。如鸟类的数量和种类比基线情况显著减少，应立即查找原因，如确系工程施工所致，研究制定必需的减缓措施，报告工程主任认可后监督承建商予以实施；对于湿地和植被的恢复，督促承建商严格按照工程招标文件生态恢复工程的规定实施，若植物种类、密度、高度、成活率和覆盖率中的任何一项效果不能满足要求，均督促承建商采取补救措施，直至符合要求为止。

严禁随意砍伐工程区内的树林，对受保护的生境安装围栏，防止施工人员擅入，滋扰鸟类及野生动物。严禁在工地内捕杀任何野生动物，对捕获的野生动物要及时通知环监小组，在环监小组的监督下放还合适的生境。

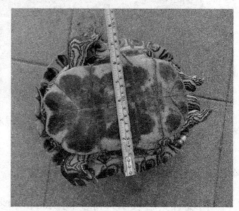

野生动物保护

### 4.2.7 景观与视觉

施工队伍进场后，环监小组进行例行检查和现场巡视。例行检查的内容为：所有的减缓措施是否按工程时间表如期实施，如未按工程时间表实施，要求其纠正和改进；现场巡视的内容为：监察现场临时设施的外形是否美观、各种机械设备和建材是否摆放整齐、是否有施工人员践踏草地和毁坏树木的现象、施工区内的上部土壤是否得以保留、场地树木是否移植到适当地点、施工结束后对临时占地是否恢复其本来用途（不能恢复的是否种植了草木）以及其他有碍观瞻的情况是否发生，一旦发现上述现象发生，应及时提醒和要求承建商加以改进，直至符合景观与视觉的要求为止。

景观与视觉减缓措施成效监察主要是对两侧堤顶种植混凝土草皮、直立墙立体绿化、临时占地植被恢复等措施成效进行监察，包括成活率、种植密度、植物高度和覆盖率，如达不到要求，责令承建商补种。

混凝土草皮

### 4.2.8 古物古迹及文化遗产地点保护

据现有资料表明，除罗湖铁路桥和罗湖人行老桥外，三期工程段施工范围内目前没有发现文物，只有香港一侧一座属于木湖瓦窑村的瓦窑邻近深圳河，按照《环境许可证》的规定设置缓冲区，用工地围栏从工地中分隔开来，并清楚标识为"临时受保护的地方"。监察承建商是否按照《环境许可证》的要求设置围栏并标识，施工活动是否影响缓冲区。

施工过程中，如发现文物古迹，立即责令承建商停止发现地的施工活动，报告深港两地文物管理部门，待妥善处理后方容许承建商重新开始施工。

### 4.2.9 环境监测

根据《环监手册》和工程开工后的具体情况，以及深港双方环保部门的要求，环监小组在深圳河共设置 7 个水质监测断面每月进行一天水质监测，于涨落潮各采样监测一次，在水下疏浚作业时，另水下开挖点上游 500 m，下游 1 000 m 处分别设立对照点和控制点，进行疏浚期水质监测，以监督再悬浮泥沙的迁移情况。

设立 5 个空气监测点进行 24 hTSP 监测，设立 6 个噪声监测点进行 30 min dB（A）监测，空气和噪声监测每周进行 1 次。在香港侧分别按《环监手册》的要求进行旱季和雨季鸟类观测。

## 4.3 环境监理效果

环监小组按照《环监手册》的建议，根据工程进展情况进行空气、噪声和水质监测，并进行鸟类观测工作，每天进行工地巡视，发现问题即时解决。在此期间编制环监报告 42 份；施工期环境保护技术建议报告 3 份；审查并批复承建商及业主方面提交的环保文件和技术报告 20 余份，此类文件和报告部分经过反复修改，直到满足环境许可证条件并得到深港双方环保部门的批准；回应香港环保署的质询 2 次；下达超标和整改通知书 11 次；接受并处理夜间（晚 12 点至凌晨 6 点）噪声扰民投诉 8 次，其中现场处理并制止夜间噪声扰民 3 次；放生野生动物一次；建议将不符合环保要求的施工机械清理出工地 7 台次（均已执行）。

# 5 工作经验、亮点和建议

## 5.1 工作经验和存在的问题

治理深圳河工程现执行一套完整的环境监理制度（基本是香港模式），涵盖技术、法律和行政三个层面。环境保护技术规范将环评报告建议的减缓措施具体化，规定了实施方案、规格、实施细则等详细内容；环境许可证则将环评报告的要求和建议以法律条文的形式加以规定，强制要求实施，否则视为违法，可提出法律诉讼，环境许可证亦规定了违反这些条款可能受到的法律处罚；香港环保署作为行政执法部门负责监督许可证实施。如此使工程环境保护措施的实施和监督具有可操作性。

建设项目对自然环境的影响是不可避免的，应使这种影响控制在法律和标准允许的水平。因此，在加强现场督察的同时，进行现场监测，并制定相应的控制水平和行动计划是必需的。如此，既可减少工程施工对环境的渐进影响，也可控制工程建设对环境质量导致不可接受的影响。

工程建设各方，特别是承建商和施工人员的环境保护意识仍有待提高。而在工程招投标过程中，我国现在广泛采用的是综合报价最低（或最优）中标的原则，而投标人可能在投标报价中并未列入足以实施环保措施的经费数量，这将导致施工过程的环保措施不能按要求得以实施。因此，在工程环境保护措施的实施过程中，法律和行政的手段尤为重要。

治理深圳河三期工程全长约 4 km，地处深圳市最为繁华的地段，受边境、海关、口岸等条件的限制，场地狭窄，受控因素颇多，工程施工本身难度较大。工程建议中主要的环境影响与环评报告的结论基本一致。根据监测和现场巡察的情况，施工期间主要的环境问题是空气污染（粉尘）和噪声扰民，兼有废物管理不善引起的水质污染。由于各方努力，治理深圳河第三期工程承建商在施工期间比较好地执行了环境保护技术规范和环境许可证条件，但在具体实施过程中，仍暴露出不少问题，主要表现在：

（1）对环境保护规范和环境许可证要求的严肃性认识不足，不能不折不扣地执行环境保护减缓措施。

（2）虽然合同中严格规定了承建商在工程建设中关于保护环境的责任和义务，但在执行过程中，仍然不同程度存在重工程进度和工程质量、轻环保的情况。承建商对环境保护的认识仍有不足，重视超标情况的发生与否，忽视工程施工的渐进影响。

（3）工程施工中的空气污染、噪声扰民、废物管理和水土流失是三期工程建设的难点所在，承建商对这些问题作为重点采取措施进行日常管理，收效很大，但依然有出现超标和违规的情况。

## 5.2 环境监理亮点

（1）执行环境保护法规和标准。深港两地的环境保护法规和标准存在一定的差异，在环境监察与审核任务执行中，对于两地环保法规标准适用选择上，要求融会贯通，协调运用两地的环境保护法规和标准。环监小组在环境监察与审核的具体工作中，包括对工程设计变更的环境评估，处理公众投诉和回答社会团体的环保问题、指导承建商进行海上倾倒污染土申请等，遇到具体环境保护标准和法规的适用问题。环监小组充分领会深港两地，尤其是香港的环境保护法规和标准，如《环境影响评估条例》《环境影响评估程序的技术备忘录》以及噪声、空气污染、水污染、废物处理、海上倾倒物料、野生动物保护等条例，熟悉深港政府环境保护工作程序，圆满处理了这一特殊问题。

（2）处理公众投诉。深港两地经济发达、资讯畅通、民众环保意识强，民间团体也积极关注深圳河三期工程的环境保护问题。本工程施工场界紧邻深圳市区，沿工程段有边检宿舍、罗湖四村、向西中学，距香港侧罗湖村、罗湖公立小学、木湖村、瓦窑村最近距离分别为 66 m、40 m、140 m 和 78 m，施工噪声会引起这两个村居民的投诉。我们在工程开工前走访两地居民，征询其要求与建议，公布投诉电话。密切跟踪施工进展，接到投诉迅速处理，严格执行规定的环境标准，督促承建商落实环保措施。在此过程中，通过细致的监察工作，严格界定产生扰民的环境影响是否由本工程施工造成，对非本工程造成的影响，或本工程影响未超过环境标准，我们将就监察数据和执行的环境标准做认真细致的解释工作。同时，提供环境监察成果在网上供公众查阅。

（3）及时跟进工程动态。对环境问题的及时跟进是《环境影响评估程序的技术备忘录》关于环境监察与审核的基本要求，也是建议项目环境保护的实际需要。随着新的技术大量涌现，以及工程实际情况的变化，在工程施工过程中经常会出现设计变更的情况。环监小组不仅跟踪既定的设计方案和施工过程，对施工过程中的设计变更可能造成的环境影响亦需做出正确的评估，建议相关的环境保护措施，为有关方面决策提供凭据，并相应调整环境监察计划，跟踪监察设计变更后的施工全过程。这同时也要求环监人员具有相关环境评估理论知识和丰富的监察实际经验，适应不断变化的新情况。

跟进工程动态的一个重要方面，是根据变化了的新情况对环评报告中建议的相关环境保护目标及保护措施进行评估，必要时对环境保护目标和保护措施提出新的建议与要求。在三期工程合同 B 污染土处置变更设计中，环监小组在请示香港环保署后，积极支持承建商采用新工艺、新技术处理、再利用现有污染土。对承建商提出的污染土固化方案，环监小组查阅香港及国外有关技术，在充分了解固化工艺和相关实验报告的基础上，对由此可能造成的环境影响做出了评估，并论证了该方法在环境上的可行性。同时就固化方案可能造成的环境影响所需采取的防范措施及监督程序提出了相应的建议与要求。这些要求与建议均为承建商、雇主和深港双方环保部门所采纳，使工程节约投资，减少运输环节和环境污染。

深圳河环监一个有利条件就是环监小组具备监测设备和能力，能及时对可能产生超标污染的施工行为进行监测。在水质、空气、噪声的监测过程中，密切注意环境要素的变化趋势，根据变化趋势及时调整监测频次，分析引起变化的各种工程原因，我们根据工程变化情况，对相关保护对象确定新的保护目标和保护措施，得到了深港双方环保政府职能部门的认可，也为雇主和承建商所接受，既使保护对象得到有效保护，也保障了工程建设得以顺利进行。

## 5.3 建议

（1）建立独立的环境监理机构（如深圳河工程中的环监小组）。将工程建设各方，包括业主代表（工程主任）、承建商和工程监理均置于环境监理之中，业主和工程监理有责任督促承建商实施环保措施并保证实施效果，使业主、工程监理和承建商共同负担起环境保护减缓措施实施的责任。

（2）工程建设项目实行全程环境监理。环境监理须贯穿招标设计、工程建设和工程运行维护全过程，以保证环境保护措施执行与监理的一致性和有效性。

（3）加强工程施工期环境监测。根据环评报告的研究结果，遴选环境要素指示指标，完善监测标准系统，根据施工的动态变化，环境监测点位、频次及时调整，使得环境监测能及时有效反映工程的环境影响变化。

（4）目前国内开展建设项目环境监理缺乏必要的法律依据和技术规范，需尽快从技术、法律和行政三个层面建立完整的环境监理制度。

# 格尔木—拉萨±400 kV 直流输电线路工程（青海段）

## 青海省环境科学研究设计院

格尔木—拉萨±400 kV 直流输电线路工程（青海段）是青藏交直流联网工程、青海—西藏±400 kV 直流联网工程的重要组成部分，是世界上海拔最高的高原直流输电工程。工程主要包括：格尔木换流站工程（含接地极和接地极线路）、拉萨换流站工程（含接地极和接地极线路）以及连接送端和受端换流站的直流输电线路工程，线路全长 1 038 km，其中青海段 609.577 km。

格尔木—拉萨±400 kV 直流输电线路工程建设是落实党中央、国务院实施"西部大开发"战略的重大举措，工程建成后将对加快青海、西藏两省区的政治经济发展、增强民族团结、构建和谐社会有着重要的意义，也对我国实现"低碳、绿色、环保"的电网建设起到重大示范作用。

## 1　工程概况

### 1.1　工程简介

格尔木—拉萨±400 kV 直流输电线路工程（青海段）线路从格尔木±400 kV 直流换流站至青海、西藏交界的唐古拉山口，沿线途经青海省的海西藏族蒙古族自治州、玉树藏族自治州境内。线路基本平行 G109 国道（青藏公路）、青藏铁路、110 kV 格尔木—沱沱河送电线路走线，经南山口、大干沟、纳赤台、三岔河、小南川、昆仑山口、五道梁、风火山口、沱沱河、开心岭、塘岗、布雅格至唐古拉山口。设计路径全长 618 km（线路实际长 609.577 km），曲折系数 1.22，高山/山地 56.6 km 占 9.13%，丘陵 173.4 km 占 27.97%，平地 382.9 km 占 62.08%，沙漠 5.1 km 占 0.82%。工程静态总投资 165 041 万元，其中环保投资 8 958.55 万元，占总投资比例为 5.43%。工程占地面积 113.39 hm$^2$，其中永久占地面积为 22.79 hm$^2$，临时占地面积为 90.60 hm$^2$。

线路共采用铁塔 1 394 基，分 6 个标段招标施工。施工中牵张场每 8 km 设置

1 处，每处 40 m×70 m（均掉头使用）。

工程于 2010 年 7 月 29 日开工建设，计划于 2012 年 6 月 30 日完工。

## 1.2 自然环境

格尔木—拉萨±400 kV 直流输电线路工程（青海段）地处素称"世界屋脊""地球第三极"的青藏高原腹地，沿线地形地貌复杂，高寒草甸、草原与荒漠三大生态系统为特色的自然环境表现出脆弱易变的不稳定性。

工程区域内具有独特的冰缘干寒气候特征，且随海拔增高而呈现明显的气候垂直分带性。格尔木—昆仑山段属柴达木盆地干旱气候区，具有典型的大陆性荒漠气候特征，表现出夏季炎热、冬季寒冷、降雨量少、相对湿度低、风多风强等特点。昆仑山—唐古拉山段属唐古拉山北侧的高原夷平面，海拔均在 4 000 m 以上，区内气候具有典型的高原大陆性特征，表现出寒冷干旱、气候多变、四季不明、紫外辐射强、缺氧等特点。

区域内的年冻结期长达 7～8 个月（每年 9 月至次年 4 月、5 月）；蒸发量远大于降水量；高山地区降水以雪、霰、冰雹为主，广阔的高平原上则以降雨为主，60%～90%的降水在正温季节，冬季少雪，除个别的高山地区外，雪盖一般均不稳定且厚度小。风向以西北、西风为主，大风（≥8 级）多集中于 10 月至次年 4 月。

## 1.3 环境监理承担单位

格尔木—拉萨±400 kV 直流输电线路工程（青海段）环境监理工作由青海省环境科学研究设计院承担。

# 2 环境监理工作依据

## 2.1 环保法规

（1）《中华人民共和国环境保护法》（1989.12.26）；

（2）《中华人民共和国水污染防治法》（1996.5.15）；

（3）《中华人民共和国环境噪声污染防治法》（1996.10.29）；

（4）《中华人民共和国大气污染防治法》（2000.4.29）；

（5）《中华人民共和国固体废物污染环境防治法》（2004.12.29）；

（6）《中华人民共和国土地管理法》（1998.12.29）；

（7）《中华人民共和国水土保持法》（1991.6.29）；

（8）《风景名胜区管理暂行条例》（国务院发布，1985）；

（9）《建设项目环境保护管理条例》（国务院令第 253 号，1998.11.29）；

（10）《建设项目竣工环境保护验收管理办法》（国家环境保护总局令第 13号，2002.1.1）；

（11）《青海省建设项目环境监理管理办法（试行）》（青海省环境保护厅，青环发[2008]342 号）。

## 2.2 技术文件及其他

（1）《青海—西藏±500 kV 直流联网工程环境影响报告书》，中国电力工程顾问集团西南、西北电力设计院，2008 年 4 月；

（2）《关于青海—西藏±500 kV 直流联网工程环境影响报告书的批复》（环审[2008]364 号）；

（3）环境监理合同。

# 3 工程产生的主要环境影响

本工程地处青藏高原腹地，是世界上距离最长、穿越冻土区最长、生态环境极其脆弱的高海拔直流输电线路工程，沿线自然条件十分恶劣，存在着高海拔、低气压、缺氧、高寒、干燥、大风、强日光辐射和自然疫源等人类生存的极限和极其脆弱的生态环境系统，对组织施工、环境保护带来了极大的挑战。线路沿线还涉及植物资源、野生动物及青藏铁路和青藏公路沿线野生动物通道、自然景观、自然保护区及风景名胜区、冻土区等特殊保护目标。

## 3.1 对动植物的影响

### 3.1.1 对植物资源的影响

（1）对地表植被覆盖的影响。工程施工过程中，将会由于各类占地而对地表植被造成破坏，永久占地将最终改变被占区域的性质，形成无法挽回的永久性损失，临时占地则造成地表植被不同程度的破坏，降低植被的覆盖度。高寒草甸遭受破坏的面积最大，高寒草原遭受破坏的面积仅次于高寒草甸。

（2）对植被地上生物量的影响。高寒草甸、高寒草原植被属于青藏高原最主要的放牧草地，工程造成地表植被破坏后，将会导致植被地上生物量的减少和实际载畜能力的减弱。

（3）工程弃渣对植被的影响。线路塔基施工产生的少量弃渣主要堆放在塔基征地范围（塔基永久占地）内，如果随意丢弃并压占天然植被，就会因为被覆盖植被无法获得阳光、植物难以继续生长等，造成被覆盖植被的破坏，也可能成为新的水土流失源。

### 3.1.2 对野生动物资源的影响

若输变电铁塔架设位置选择不当（如架设于动物通道中间等），可能会因野生动物多疑、回避危险的本性而不再继续使用动物通道，使得建在公路和铁路上的部分动物通道失去其应有的功能和作用，进而影响到野生动物的正常迁移活动路线，甚至导致大型有蹄类动物生活习性的改变及实际栖息生境的破碎化。

塔基的建设，将形成永久占地。一方面会导致野生动物永久丧失同等面积的栖息地，另一方面则会减少野生动物栖息地的可食饲草产量。

本工程项目沿线分布有许多河流与湿地，如果对施工过程中产生的生产、生活垃圾（如施工人员的生活垃圾、塔基建设及输电线路架设时的废弃物）和可能污染源（如施工机械用油等）管理不善，一旦排入河流，就会对沼泽地和河流的水源产生一定程度的污染，将会影响到生活于其中的水禽、两栖动物和其他湿地动物，以及它们的食物资源。

施工期间，铁塔、施工便道等施工活动，会对施工区域周边一定范围内野生动物的栖息环境产生一定程度的干扰和影响；施工期间的机械噪声和金属碰撞声，会干扰和影响周边野生动物原有的宁静生活；施工人员的生活及娱乐活动，也会在一定范围内对野生动物的栖息环境产生影响。

施工期间，临时占地对地表植被将造成不同程度的破坏。在地表植被得到有效恢复前，会使栖息于该范围的野生动物暂时失去对这些地段的有效利用，对野生动物造成一定程度的不利影响。

工程沿线分布有许多野生动物，其中也有许多国家重点保护动物，如果施工人员违法猎杀这些野生动物（特别是国家重点保护动物），将导致这些动物资源数量的下降，进一步加剧这些国家重点保护动物的濒危程度，对项目区的野生动物造成较大的不利影响。

## 3.2 对生态景观的影响

沿线分布的景观主要有：典型荒漠生态景观系统、河谷灌丛生态景观系统、荒漠草原生态景观系统、高寒草原生态景观系统、高寒草甸生态景观系统、高寒沼泽草甸与湿地生态景观系统、高山垫状植被生态景观系统、高山流石滩稀疏植被生态景观系统、山地灌丛草原生态景观系统、农田和城镇生态景观系统。这些景观具有独特性、原始性、脆弱性等特点。

（1）塔基建设和输电线路架设。在塔基建设过程中，开挖基坑，必然会造成地表植被的破坏，形成与原始生态景观极不协调的裸露斑块。沿线新建塔基1 394座，将形成新的景观斑块而增加生态景观斑块的数量，既提高了沿线生态景观的多样性，也增大了生态景观的破碎度；在短期内成为与原有生态景观不协调的"裸地"或"疮疤"斑块，对整体生态景观形成不和谐的视觉效果，造成较为明显的不利影响。

（2）施工场地设置。项目建设过程中，需设置施工营地、材料堆放场和牵张场等施工场所。如果随意无序地设置施工场所，将会直接加大对区域生态景观的影响，不仅会破坏沿途自然生态景观的和谐性，而且会扩大对沿线地表植被覆盖的破坏面积，增加后续植被恢复的难度。

（3）施工便道的扩建和使用。施工便道的设置如果只考虑施工方便，不进行系统的合理规划，则可能分割自然生态景观，造成断景等结果，对原有生态景观造成较为明显的不利影响。大面积设置施工便道，也必然会对原有生态景观造成影响。施工机械等为自身便利而偏离既定便道随意行驶，将导致地表植被退化，留下车辙痕迹等，造成视觉污染。

（4）施工人员的不良行为。如果施工人员缺乏环保意识，就可能在既定施工场地周围相当范围内随意乱行，生活废水、垃圾随意乱倒、乱丢，甚至直接破坏高原植被，威胁野生动物的安全等，对生态景观造成不良影响。

（5）对沿线重要旅游景点的影响。青藏铁路的开通，乘坐火车在青藏高原旅游的游客数量明显上升。青藏高原上独特的自然风光和生态景观就成为具有重要价值的旅游资源。为满足众多游客的需求，青藏铁路沿线在玉珠峰、楚玛尔河、沱沱河等观光车站都建有长500 m、高1.25 m的观光台，供游客观景、拍照和逗留。本线路将涉及玉珠峰、楚玛尔河、沱沱河等重要的生态观光景点。如果输电线路铁塔的设置位点过于靠近车站观光台，或建于观光台正向视界的正前方，就会严重影响游客的视野效果，甚至破坏游客拟拍照景观的和谐性和自然性，导致游客难以获得理想的高原自然特色景观照片，造成明显的不良影响。

沿109国道（青藏公路）在玉珠峰雪山、昆仑山口纪念碑碑址、唐古拉山口纪念碑碑址、沱沱河三江源纪念碑（江泽民题字）碑址、索南达杰保护站等景点停留、拍照、观光的游客明显增多。在这些景点处，处置不当的输电线路铁塔和输电导线，也会严重破坏这些景点的实际价值，造成较为明显的不良影响。

## 3.3　对自然保护区及风景名胜区的影响

项目区附近主要有三江源自然保护区、可可西里自然保护区。工程选址选线时均避开了上述自然保护区和风景名胜区。不存在穿越保护区并在其内部进行施工所带来的直接影响，但也会产生下述可能的间接影响。

（1）对保护区野生动物的影响。由于线路与部分保护区边界距离较近，施工过程中的人为活动必然会对保护区邻近边缘地区活动的野生动物造成惊扰，产生不利影响，造成保护区野生动物活动范围的缩小。

（2）施工人员对保护区动植物的人为影响。施工过程中，如果管理不当，将可能产生施工人员私自进入保护区、违法捕猎野生动物、采折野生植物等一系列行为的发生，造成对自然保护区的危害及不利影响。

（3）施工范围外延后对保护区造成影响。施工过程中，必然存在机械车辆的运动和相关施工材料等的临时堆放。在线路邻近保护区的地段上，如果不能进行有效的管理和控制，施工车辆行驶范围和临时性施工材料堆放点的范围过大，就有可能有意无意地进入保护区，对保护区范围内的植被造成破坏或不利影响。在昆仑山口至乌丽区段，线路介于可可西里自然保护区东界和三江源自然保护区西界之间的狭长地带内，发生此类不良影响的概率也相对较高。

## 3.4　对冻土区的影响

青藏高原的冻土环境十分脆弱，对人类的大型工程活动较为敏感。在全球气候转暖与人类工程活动加剧的双重影响下，青藏高原多年冻土区的面积在逐步缩小，冻土环境整体趋于退化。本工程自纳赤台至西大滩为季节性冻土，冻土长度155.2 km，西大滩至唐古拉山口为多年冻土区，冻土长度453.5 km。

（1）基坑开挖对多年冻土环境的影响。在塔基建设过程中，会造成局部开挖地段多年冻土环境的破坏。基坑开挖后，基坑的深度已经超过了沿线多年冻土层上限的深度，基坑周边深约6 m的基坑壁将会外露，且外露时间要维持1~2个月。受自然环境条件的制约，为满足基础浇铸和基础质量的需要，多年冻土地段的施工时间可选择在暖季或采取封闭增温措施。因此，受外界较高气温的影响，会诱发基坑外露坑壁外侧一定范围内多年冻土的融化作用，打破受影响范围内多年冻土环境原有的热平衡条件，造成原有冻土环境中的破坏。当影响时间长、破坏程度严重时，还会导致出现多年冻土层失水、改变地下水径流格局、坑壁发生热融滑塌、形成融化夹层、降低多年冻土上限等一系列问题。特别是多年冻土上限以下部分，更易于产生上述不利影响。

（2）工程临时占地对多年冻土环境的影响。工程临时占地用于材料站用地、施工生活营地设置、施工便道拓展、形成人抬道路和牵张场设置等方面的需要，在施工过程中，必然会导致这些临时占地的地表植被受到不同程度的破坏，间接造成对地下多年冻土环境的影响。

# 4　环境监理工作程序及方式

## 4.1　工作程序

（1）签订环境监理合同。根据《青海—西藏±500kV 直流联网工程环境影响报告书》及其批复文件要求，工程建设必须严格执行配套建设的环境保护措施与主体工程同时设计、同时施工、同时投产的环境保护"三同时"制度。确保多年冻土环境得到有效保护，江河水质不受污染，野生动物繁衍生息不受影响，线路两侧自然景观不受破坏，努力建设具有高原特色的生态环保型工程。2010 年 10 月 13 日青海省电力公司与青海省环境科学研究设计院签订《青海—西藏±400 kV 直流输电线路工程（青海省境内）环境保护监理合同》[合同编号：DWCJC 计划财务部 DGCJL（2010）77 号]。

（2）编制环境监理文件。环境监理单位编制了《格尔木—拉萨±400 kV 直流输电线路工程青海段施工期环境保护监理大纲》《格尔木—拉萨±400 kV 直流输电线路工程青海段施工期环境监理规划》《格尔木—拉萨±400 kV 直流输电线路工程青海段施工期环境监理实施细则》。

（3）组建环境监理部。2010 年 10 月 18 日，青海省环境科学研究设计院组建常驻施工现场的青藏±400 kV 线路工程青海省段工程环境监理部，负责实施该项目环境监理工作。

本工程环境监理实行总环境监理工程师负责制，总环境监理工程师代表青海省环境科学研究设计院（简称省环科院）全面履行委托监理合同中规定承担的责任和义务。根据本工程的规模和环境保护特点，为认真履行合同，促进工程环境保护目标的实现，省环科院组成"青海省环境科学研究设计院青藏±400 kV 线路工程环境监理部"（简称环境监理部），环境监理部人员由总监、生态环境保护、合同与信息管理和辅助工作人员等，以及环境专家咨询组组成。

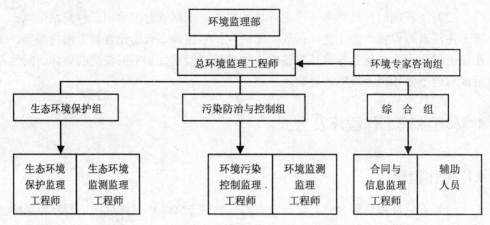

**图 1 建设项目环境监理机构**

环境监理部的主要职责：

1）按合同的规定，负责对工程施工区和施工影响区的环境保护措施执行落实情况及其效果进行监督、检查和管理。

2）监督、检查承包商施工环保行为，督促其落实环境保护措施。

3）对环境保护工程的施工设计提出合理化建议。

4）在现场协调解决施工期间出现的环境问题。

5）对工程施工区的环境要素，进行必要的监测，依据监测结果定期进行评价，提出进一步的环境管理措施和整改方案。

6）对工程总体环境状况和按标段合同划分的单项工程进行专业的环境监督及评价，提交环境监理报告，通报有关情况。

7）记录好承包商环境违约事件，向业主提出公正的处理意见。

8）及时向各承包商发布有关环境监理指令，以及环保工作要求或指导性意见。即有关环保措施落实、环境问题整改等方面的指示命令，根据工程总体进度向承包商提出阶段性的环保工作要求。

9）做好环境监理日志、环境检查记录和环境监理文件，以及各种有关的工程环境管理和工程环境技术档案的管理工作。

10）协助业主处理施工中出现的环境问题，各种环境意外和突发事件所引起的环保问题。

11）定期和及时向业主提供工程环境保护实施情况报告。

12）组织协调环境专家咨询组开展环境咨询活动，向专家咨询组提供有关环境保护工作报告和其他资料。

（4）人力资源、办公设施和交通工具配备。根据工程特点、环境监理任务及内容等情况，本工程配备总监 1 人，常驻现场专业环境监理人员 2 人，辅助工作人员 1 人，以及环境专家咨询组 3～4 人。

环境监理部配置必要的办公设施、监测设备和交通工具，确保环境监理工作正常开展。

（5）开展环境监理工作。环境监理工程师常驻施工现场，通过定期或不定期巡视、检查、下发环境监理文件等工作方式进行监督、审查和评价施工区环境保护措施的执行、落实情况，辅以必要的仪器监测，必要时对环保关键工序和重点部位进行旁站，及时发现和处理承包商环境违约行为，同时通过提交环境监理周报、月报、年报、工作总结，向业主报告工程环境状况和环境监理工作情况。

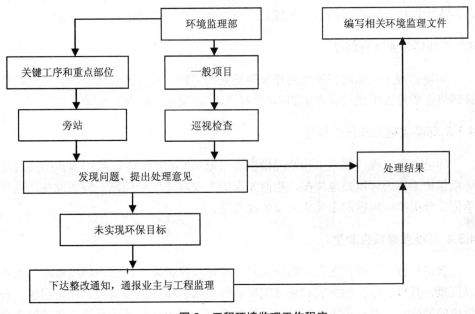

图 2　工程环境监理工作程序

## 4.2　工作方式

鉴于本工程施工期环境保护工作的特点，环境监理人员的工作方式以巡视检查为主，辅以必要的环境监测。

根据施工期环境保护目标和污染源分布情况，环境监理工程师每月定期或不定期对施工区进行巡查，对施工活动中的环境保护工作进行动态管理，并将检查结果报至业主项目部。巡查过程中如发现环保方面问题，通知承包方采取措施妥善进行处理，并进行跟踪验证，将结果书面反馈相关方。业主或工程总监理工程师在施工中如发现必须处理的环境问题，可要求或责令环境监理工程师提出意见。

环境监理服务范围包括：施工区和施工影响区，具体有各标段承包商及其分包商施工现场、生活营地、施工道路、附属设施等，以及在上述范围内生产施工对周边环境造成生态破坏、环境污染可能涉及的区域。

## 4.3 工作制度

### 4.3.1 环境保护施工组织设计审核制度

工程或分项工程开工前，承包人应提交该工程详细的环境保护施工组织设计以及施工进度计划报环境监理工程师，经审查批准后方可进行开工申请。

### 4.3.2 现场作业检查制度

环境监理工程师对直流线路作业现场采取巡检、抽查或仪器监测等方式，保证环境保护施工组织设计方案的落实与执行，以满足环境保护要求。

### 4.3.3 环境监理工作日志制度

环境监理工程师根据工作情况做出工作记录（环境监理日志），重点描述现场环境保护工作的环境监理情况，当时发现的主要环境保护问题，问题发生的责任单位，分析产生问题的主要原因及处理意见。

### 4.3.4 环境监理报告制度

督促承包人严格按照批准的施工进度和环境保护要求施工，环境监理工程师以周报、月报、年报的形式记录施工单位环境保护措施落实情况、存在问题、有价值的经验等，并向业主及环境监理机构报告，对出现的重大环境事故及时通报业主和政府相关职能部门。

### 4.3.5 函件来往制度

环境监理工程师在现场检查过程中发现的环境保护问题，通过下发环境监理工程师指令的形式，通知承包商采取措施予以纠正或整改。环境监理工程师对承包商某些方面的规定或要求，通过书面的形式通知对方。有时因情况紧急需口头通知，随后必须以书面函件形式予以确认。承包商对环境保护问题处理结果的答复以及其他方面的问题，也要致函给环境监理部予以确认。

### 4.3.6 专家咨询制度

根据环境监理工作需要和针对实施前及实施过程中发生的重大环境保护问题，适时组织环境专家组成专家组参加现场检查、调研和咨询指导，对环境保护实施工作中的重大事项参与协调，提出咨询意见和处理建议，以供决策。

### 4.3.7 环境监理报告和函件往来制度

（1）定期报告。

1）环境监理周报。

2）环境监理月报。根据环境监理工程项目、范围和内容，随工程施工的环境保护工作进展情况向业主报送环境监理月报，其主要内容为：工程概况、环境保护工程进展综述、环境监理开展主要工作、承包商的环境保护工作、重大环境问题及对策、总结和建议、环境监理大事记、其他必须报送的资料和说明事项等。

3）环境监理年度报告及总结。

4）业主要求的其他环境监理报告或报表。

5）环境监理工作总结。

（2）根据环境监理工程进展情况的不定期报告。

1）关于环境保护工程施工进展中存在问题的改进建议。

2）关于重大环境问题处理解决的建议。

3）工程环境保护工作回顾性总结报告。

4）业主合理要求提交的其他报告。

5）工程施工期环境状况报告。

（3）环境监理文件。

1）环境问题整改通知、环境监理备忘录等文件。

2）环境监理协调会议纪要文件。

3）环境监理工作动态。

4）其他环境监理业务往来文件。

### 4.3.8 环境保护验收参与制度

工程或分项工程完成后，承包人应根据设计文件、国家标准和技术规范的要求进行自检，并将检查评定结果及工程竣工预验收申请表报环境监理部，环境监理部安排环境监理工程师根据合同文件的规定进行工程或分项工程的环境保护验收，并提出环境保护评价意见。

### 4.3.9　设计变更

涉及环境保护方面的设计变更，遵照有关建设项目变更设计管理办法执行，审核批复后的设计变更文件由业主发送环境监理部，以利监督检查。

### 4.3.10　环境保护停工令、复工令的审批程序

（1）工程暂停令的审批程序。施工期间，环境监理单位应对合同范围内的工程环境质量负有监督检查的职责，对确实存在重大环保质量隐患的问题，与工程监理单位及建设单位协商后，并由工程监理单位监理工程师及业主项目经理签字后，由环境监理部签发工程暂停令。如工程监理单位有不同意见，由环境监理部申报业主进行裁决，并下达非书面停工令，经业主批准后，再签发书面工程暂停令。

（2）工程复工申请表的审批程序。施工单位根据工程暂停令要求的时间和整改措施完成后，可申报工程复工申请表，复工申请经由工程监理单位监理工程师及环境监理部总环境监理工程师签字同意后，由施工单位报业主进行审批。

### 4.3.11　施工期环境保护问题的分类和处理

（1）环境保护问题的等级划分。为保证施工期各项环保措施的落实，在环境监理工作中，对环境保护存在的问题进行分类，并建立相应的处理制度。环境保护问题按其对生态环境的破坏程度及污染防治措施不当分为两类：重大环保问题和一般环保问题。

（2）重大环境保护问题的范围。具有以下情况之一者为之：

1）捕杀和损伤国家一类、二类珍稀保护动物及其他妨碍野生动物生息繁衍的活动。

2）对签发二次以上环境监理通知责令整改的环境保护问题而没执行的。

（3）一般环境保护问题的范围。一般环境保护问题，具有以下情况之一者为之：

1）未按设计要求和有关主管单位批准的范围、距离、位置设置施工营地、施工场地及施工便道。

2）施工营地建设及施工营地和场地的固体废弃物和污水的处置未按相应的措施执行的。

3）其他对生态环境有破坏行为的。

（4）重大环境保护问题的处理。

1）环境监理部向施工单位和各工程监理单位以"通报"的形式进行通报批评并报告业主进行相应的处理。

2）根据具体情况签发停工令，责令限期整改。

（5）一般环境保护问题的处理。对一般环境保护问题由环境监理部向施工单位和工程监理单位签发"环境监理通知书"，责令限期按要求的环境保护措施执行。

（6）环境保护问题的报告要求。对重大环境保护问题，施工单位和工程监理单位专业环保监理工程师应迅速上报业主和环境监理部，以便及时处理，防止事态的扩大；对重大环保问题隐瞒不报，拖延处理或处理不当视其情况酌情处理，并追究相关人员及单位领导的责任。

对一般环境保护问题，施工单位和工程监理单位的环保专业监理工程师应及时上报环境监理部，并提出相应的环境保护措施。

# 5 环境监理内容、方法及效果

## 5.1 环境监理的内容

### 5.1.1 环境保护目标

（1）工程建设严格执行配套建设的环境保护措施与主体工程同时设计、同时施工、同时投产使用的环境保护"三同时"制度。

（2）从设计、设备、施工、建设管理等方面采取有效措施，全面落实工程环评报告及其批复的要求，不发生环境污染事件，建设"资源节约型、环境友好型"的绿色和谐工程。工程通过环保专项验收。建设环境保护示范性工程，争创"中华环境奖"。

### 5.1.2 工作目标及任务

（1）工作目标。环境监理工作的主要目标是按照工程环境影响报告书及其批复、设计文件、施工承包合同和业主有关环境保护规定，督促工程参建各方落实各项环境保护措施，检查承包施工期环境保护措施的执行情况，及时发现和处理承包商环境违约行为，提出整改措施，妥善解决出现的环境问题，全面掌握工程建设对环境的影响，保障施工期各项环境保护措施得到落实和执行，保护环境，防止生态破坏，促进输电线路工程环境保护"三同时"和环境保护目标顺利实现。

本工程的环境监理工作重点是污染防治和生态保护。污染防治主要包括水污染、固体废弃物污染和扬尘污染的防治。生态保护重点是植被、湿地系统、水源、野生动物、自然保护区和自然景观的保护。

（2）任务。

1）根据国家环境保护法律法规、技术标准等，以及工程环境影响报告书及其批复、设计文件、施工承包合同、招投标文件等，对各项环境保护措施实施的形象进度、投资、综合质量提出合理化建议。

2）按工程承包合同督促承包单位编制施工环境保护实施方案，落实各项环境保护措施。

3）认真履行现场监督检查职能，规范、协调与约束承包商的环境保护行为，及时发现和协调处理施工中出现的生态环境破坏和污染事件，监督整改施工管理中存在的环境保护问题。

4）定期向业主提交环境监理周报、月报、年报等。

5）重大环境保护问题及时向业主汇报，并协助业主处理施工期环境保护工作中出现的事件或问题。

6）参与环境保护措施的竣工验收。

7）受业主委托协调有关各方在工程环境保护中的相互关系。

8）认真做好环境信息管理。

### 5.1.3 环境监理工作内容

（1）水污染防治监理。输电线路的施工具有占地面积小、跨距长、点分散等特点，每个施工点上的施工人员是很少的，其产生的生活污水纳入当地生活污水系统处置；施工过程中产生的清洗或养护废水经沉砂池预处理后排放，防止无组织漫排，且线路施工为沿着线路路径呈点状分布，施工时排放废水极少，不会对周围水环境产生较大影响；线路施工经过一些湿地，施工时要尽量少占用湿地，基础开挖时需做好排水工作，垃圾不得随意倾倒于水体中。

通过巡视检查，对生活污水处理设施的运行和处理效果等进行检查、监督，督促承包商落实防治措施。

（2）空气污染防治监理。环境空气污染主要是施工过程中产生的粉尘污染、道路扬尘。

通过巡视检查，对施工过程中产生的粉尘等污染物的防治措施进行监控，督促承包商落实各项措施，使施工区和生活区的环境空气质量达到标准要求，并督促承包商采取措施加强各工区施工便道管理与养护。

（3）噪声控制监理。施工噪声是施工期对环境的主要污染源，噪声控制主要对输电线路工程施工中的工地交通运输噪声以及基础、架线施工中各种机具的设备噪声等主要噪声源进行预防控制，尤其对架线施工过程中靠近居民点的各牵张场内的牵张机、绞磨机等设备产生的机械噪声进行监控。

通过巡视检查，对上述噪声污染源防治措施建设、运行和处理效果等进行监督，督促承包商落实防治措施。

（4）固体废物处理监理。对塔基施工废渣（弃方）、建筑垃圾等固体废物的处理是否符合环境保护的要求进行监督，检查生活垃圾处理设施的建设、设施运行和处理效果等，督促承包商落实防治措施。对不符合环保要求的行为进行现场处理并要求限期整改，以满足施工区环境安全和现场环境管理的要求。

（5）生态环境保护监理。本工程建设过程中涉及的植被、湿地系统、水源、野生动物、冻土区、自然保护区和自然景观，如线路施工中的临时占地施工结束后植被恢复与重建，弃土的堆放与处理等。环境监理将要求、监督各施工单位按设计要求和拟定的保护措施对其进行保护，针对环评报告书中尚不具体的保护措施，环境监理工程师将视实际情况，提出补充保护措施。

1）检查施工临时设施占地恢复措施的落实情况。

2）检查基础开挖产生的弃渣面土地整治、截水沟、植被恢复等。

3）督促承包商严格按设计和施工组织设计要求，保护原始植被。

4）督促检查承包商落实野生动物保护措施情况，对施工中影响较大的爆破噪声进行严格监控。

5）检查生态景观、自然保护区等特殊敏感区的避让是否按环境影响报告书及其批复的要求落实。

## 5.2 环境监理方法

### 5.2.1 质量控制

（1）对环境保护设施、措施落实等关键工序和重点部位实施旁站监理，及时发现和解决环境保护方面的问题。

（2）督促承包商建立健全环境保护管理体系，积极开展环境保护宣传教育工作。

（3）检查监督承包商环境保护措施实施计划和年度计划执行情况，对影响质量的因素进行控制和管理。

（4）依据合同、设计文件、技术规范和监测数据，对施工活动过程中废水、废气、弃渣、噪声、生产生活垃圾等的防治及其设施运行进行监督检查和评价。

（5）协助处理各类环境污染和生态破坏事件。

（6）参加工程的单项验收。

（7）组织编制按照规定进行的工程各阶段验收所需的环境保护报告和资料。

（8）按照国家和地方环境法律法规、标准和规范，以及有关设计、招标文件、施工合同协议书中的环境保护条款，监督检查拆迁安置过程中的环境保护工作。

（9）参加业主、工程监理和水土保持监理方组织的有关会议。

（10）开展环境保护、生态保护宣传教育，加强现场各类人员的环境意识和生态保护意识。

（11）发现环境问题，及时发出监理通知，令其纠正。

（12）施工过程中潜在或出现重大环境污染事故或生态破坏事件，在环境监理工程师要求限期整改后承包商不予整改或整改不力，环境监理工程师提出处理意见，报告业主。

（13）参与工程验收，对存在的环境保护问题，跟踪调查处理。

### 5.2.2　进度控制

进度控制的重点是落实"三同时"制度，即防止环境污染和生态破坏的设施，必须与主体工程同时设计、同时施工、同时投产使用。其控制措施为：

（1）审查承包商提交的施工组织设计、施工技术措施和施工进度计划中关于环境保护的内容，满足与主体工程同时进行施工的进度要求。

（2）监督检查承包商落实环境保护进度计划。

（3）在环境保护措施实施计划执行过程中，密切与有关方面的联系，深入实际，及时了解分析影响进度的因素并提出建议，预防进度严重滞后等失控现象。

### 5.2.3　投资控制

投资控制是根据审定批准的环境保护投资概算，督促实施单位管好用好环境保护资金，使资金切实用到工程建设的环境保护上，达到环境保护方案设计要求。

（1）参与环境保护措施实施过程的投资动态控制，对计划资金额度值与项目实际发生额度进行比较分析，提出资金使用调整意见。

（2）尽可能向业主提供节约环保投资的设计、施工等优化意见。

（3）定期收集承包商环境保护资金使用报表，及时向业主提供投资控制分析意见。

### 5.2.4 合同管理

对合同各方执行合同中的环境保护情况进行检查，按合同环保条款进行全过程的监督和管理，监督承包商认真履行合同规定的环境保护责任与义务。

### 5.2.5 环境信息管理

（1）建立规范的信息收集、整理、使用、存储和传递程序。及时了解和收集环境保护工作的信息，随时进行分类、反馈、处理和存储。

（2）建立完善的各项报告制度，认真做好监理日志、监理月报、监理年报的编报工作；做好施工现场环境监理记录与信息反馈。

（3）督促承包商及时提交有关环境保护资料。

（4）按国家规定和业主要求，做好信息资料归档保存工作。

（5）收集掌握国家有关法律、法规、政策及技术标准，及时、定期地向有关单位提交或书面反馈。

### 5.2.6 组织协调

（1）建立有效的协调程序，在工作中以合同为依据，本着公平、公正的宗旨，坚持为工程建设服务，通过调查研究，根据业主的授权积极主动协调有关各方之间的关系。

（2）沟通工程建设各方，友好协商解决问题。

（3）业主合理要求协调的其他与环境保护有关的事项或工作。

（4）进行组织协调工作的主要方式是：组织和协调矛盾双方直接协商，组织召开分析会等，同时根据需要及时召开现场协调会，及时协调处理环境保护方面出现的矛盾。

## 5.3 环境监理效果

（1）环境监理人员先后签发环境监理通知单 6 份，环境保护违章处罚通知单 1 份，环境监理工作联系单 14 份，口头整改通知 26 次；编制上报环境监理周报 31 期；月度报告 7 期；环境监理工作动态 4 期；组塔架线阶段环保、水保专项交叉互查对标评比工作汇报 1 份；植被恢复专项检查工作汇报 1 份；环境监理初验收情况汇报 1 份；环保评估报告 1 份；2011 年环境监理工作计划 1 份；年度总结报告 2 份；环境监理评价意见 6 份。

（2）编制并印刷《青藏±400 kV 直流联网工程青海段施工期环保手册》300

册,《青藏±400 kV 直流联网工程青海段施工环境保护须知》300 份。

（3）编制完成并报审《格尔木—拉萨±400 kV 直流输电线路工程青海段施工期环境保护监理大纲》《格尔木—拉萨±400 kV 直流输电线路工程青海段施工期环境监理规划》《格尔木—拉萨±400 kV 直流输电线路工程青海段施工期环境监理实施细则》。

（4）环境监理人员不定期到项目区进行巡查，对施工活动中的环境保护工作进行动态监督管理，按照环境监理规划和实施细则，认真开展巡视检查和现场监督，逐项检查，做好环境监理记录，了解和掌握各施工单位在环境保护工作上存在的问题和困难以及环保措施落实情况。对施工项目部、施工营地、材料堆放场、塔基基础、组塔、基面开挖、施工临时占地、热棒安装、架线（牵张场）、土地整治及植被恢复等施工现场环境保护措施落实情况巡查 100 余次，巡视检查塔基、材料堆放场、施工营地、架线（牵张场）、植被恢复现场等 600 余基（次）。

（5）完成施工 1 标、2 标、3 标、4 标、5 标、6 标《环境保护施工组织设计》的审核及报审工作。

（6）完成施工 1 标、2 标、3 标、4 标、5 标、6 标《环境保护工作总结报告》审核及环境监理初验工作，提交环境监理评价意见 6 份。

（7）举办本线路施工期环境保护知识培训班八期，环境保护知识培训主要针对各阶段的特殊要求，从植物保护措施、动物保护措施、牵张场的选取原则、基础施工、组塔架线的环保措施、其他环保措施六个方面以 PPT 文件的形式进行了全面细致的讲解。对施工 1 标青海送变电公司项目部、施工 2 标甘肃送变电公司项目部、施工 3 标四川送变电公司项目部、施工 4 标青海火电公司项目部、施工 5 标青海送变电公司项目部、施工 6 标青海送变电公司项目部主管环保工作副经理、环保员以及各施工队队长，各监理项目部环保员 140 余人进行了施工期环境保护知识培训，并发放《施工期环境保护手册》300 册、《施工环境保护须知》300份。要求各施工单位负责人对施工人员继续进行培训，以"建设绿色环保工程，营造和谐发展环境"的理念为管理原则，监督、管好本项目部的环保体系运行，确保环保工作达到目标。杜绝重、特大环境污染和破坏事件、事故发生。

（8）协助业主、中科院西高所完成格尔木—拉萨±400 kV 直流输电线路工程青海段植被恢复试验选点工作。

（9）参加国家电网公司青藏交直流联网工程建设总指挥部在格尔木举办的"青藏工程环保水保知识第一期培训班"。

（10）在组塔阶段环保、水保专项检查过程中，对青海火电工程公司青藏交直流联网工程直流线路 4 标段项目部未按青藏±400 kV 线路工程环境监理部

HJJL-QZ-004 的环境监理工程师通知单规定进行整改闭环并反馈整改单，按照《格尔木—拉萨±400 kV 直流输电线路工程（青海段）风险抵押金管理办法》附件六第十一条规定处罚 1 000 元整。通过这次处罚对施工单位领导、职工、民工环保意识的提高，起到了良好的作用，从而有效保障了环境监理工作的顺利开展。

（11）通过环境监理人员的培训及定期、不定期的巡视检查，施工阶段没有发生施工人员乱采滥挖野生植被和猎杀野生动物的行为。

（12）与建设总指挥部、业主项目部密切合作，工程环保工作任务的完成和业绩的取得，得到了总指挥部各领导和专业环保管理人员的大力支持。

（13）积极参与协调施工过程中工程监理、水保监理、环境监理单位之间和施工单位、业主之间的关系，做到"各负其责，各尽其职"，确保了工程建设进度。

（14）建立健全档案管理，定期、按时上报有关报告和函件，为总指挥部、业主项目部科学决策，解决施工过程中环境问题，提供了良好的保障服务功能；环境监理档案资料按业主项目部的要求做到了分类清楚、资料齐全。

（15）参加总指挥部、业主项目部组织的与环境监理有关的各次会议。

（16）完成总指挥部、青海段业主项目部交办的其他工作。

## 5.4 环境监理中遇到的难点及解决措施

本工程沿线海拔高，高原冻土区长。施工过程中遇到了野生动植物保护，冻土区扰动，自然保护区、景观及湿地影响等多项环境敏感因素。从环境保护的角度看，我们认为工程建设中主要困难有以下几个方面。

### 5.4.1 施工区多年冻土保护

本工程施工区季节性冻土区 155.2 km，多年冻土区 453.5 km。塔基基础施工、工程临时占地等对地表覆盖层的破坏，使多年冻土区基层地温上升，造成冻土环境中热平衡条件的失衡，进而导致多年冻土环境的退化演变和破坏。

（1）冻土区段施工时间为 2010 年 10 月中旬—12 月，以降低外界高温对开挖冻土的影响。

（2）选择在凌晨 3—7 点进行施工，一方面可以减少对冻土的扰动，另一方面对冻土施工区的破坏降到最低程度。

（3）最大限度地缩短在多年冻土区塔基建设的施工周期，降低不利因素的影响时间，缓解不利因素的影响程度。

（4）临时营地、便道及施工场地充分利用青藏铁路、公路现有和现已废弃的道班、营地等，尽量减少在未经扰动的多年冻土区的场地设置数量。

（5）临时营地、便道及施工场地设置场界围栏、宣传标志牌。严格限制人、车活动范围，机械、车辆、人员严格固定行走路线，不得随意碾压场界以外的冻土植被。

（6）施工营地生活、生产房屋凡有人为热源可能改变冻土环境的，均采取隔热或架空处理。

（7）塔基基础施工时采用遮阳篷、隔热帐篷、苫盖等遮阳、隔热方式以阻断坑壁两侧的热传导作用，尽量达到保持多年冻土层原有热平衡条件的目的。

（8）部分铁塔塔基4个塔腿埋设低温氨重力热棒，利用低温氨重力热棒的特点，把大自然的冷量导入到多年冻土中，使地下的永冻层变厚，温度降低，加固了冻土的强度，从而减少对多年冻土环境的破坏。

### 5.4.2　天然植被保护

工程施工过程中，由于永久占地、临时占地而对地表植被造成破坏。永久占地将最终改变被占区域的性质，形成无法挽回的永久性损失，临时占地则造成地表植被不同程度的损坏，降低植被的覆盖度。特别是工程施工区内分布有国家Ⅱ级濒危保护植物1种——毛茛科的星叶草，国家Ⅱ级保护野生植物2种——龙胆科的辐花和报春花科的羽叶点地梅，国家Ⅲ级保护药材麻花艽。加之工程施工区生态环境基本处于自然原始状态，生态环境敏感脆弱，具有生态系统结构简单、生境严酷、抗干扰能力低下、自然修复周期长、人工恢复难度大。

（1）强化施工人员对天然植被的保护意识，并落实到自身的实际行动中。在施工人员进入施工现场前，组织进行生态环境保护相关法规方面的宣传、教育，使所有参与施工人员认识到保护工程施工区天然植被的重要性，初步认识和辨别工程施工区分布的4种重点保护植物。因此，环境监理部印制并给施工人员下发了《施工期环保手册》，其中列有国家Ⅱ级濒危保护植物1种——毛茛科的星叶草、国家Ⅱ级保护野生植物2种——龙胆科的辐花和报春花科的羽叶点地梅、国家Ⅲ级保护药材——龙胆科的麻花艽的彩色图片，使施工人员能更好地认识和保护这些野生植物。

（2）在塔基选址、施工场地、临时占地选址时对星叶草、辐花、羽叶点地梅和麻花艽4种重点保护植物均已避让。

（3）在选择材料堆放场、临时施工道路等临时占地时，注意对植被生长良好地段（特别是高寒沼泽草甸）的避让。

（4）在施工过程中，加强对参与施工人员的严格管理，并采用设置施工场界围栏、宣传标志牌等环保措施，杜绝了发生人为破坏天然植被和采挖药材的行为。

（5）在塔基基础施工过程中，采用铺设草帘子、竹夹板、彩条布等方式减少对施工区域地表植被的压占。设置场界围栏不随意扩大施工面积，避免施工车辆的超范围行驶，避免对施工区域周边地表植被的破坏。

（6）塔基基础施工结束后，及时清理施工现场。对施工过程中产生的生活垃圾和废弃物，收集装袋，带出施工区域，集中后运至垃圾处理场。

（7）施工时，注意生产和生活用火的安全，避免火灾的发生和蔓延。

### 5.4.3 藏羚羊等野生动物保护

工程沿线分布有许多野生动物，属于国家重点保护兽类有 17 种，属于国家重点保护的鸟类有 27 种。铁塔基础施工、施工便道、施工期间的机械噪声和金属碰撞声、施工人员的生活及娱乐活动等的施工活动都会对施工区周边的藏羚羊等野生动物产生驱赶效应，使它们远离工地迁往他处，并导致一定范围内的藏羚羊等野生动物种类和数量的减少。同时，会对藏羚羊等野生动物的栖息地、迁徙、繁殖期（特别是繁殖配对和产仔期）产生诸多不利影响。

（1）强化施工人员对藏羚羊等野生动物的保护意识，并落实到自身的实际行动中。在施工人员进入施工现场前，开展野生动物保护法的相关宣传、教育，使所有参与施工人员认识到保护野生动物的重要性和必要性。因此，环境监理部印制并给施工人员下发了《施工期环保手册》，其中列有属于国家重点保护兽类有17 种（其中，国家一级重点保护动物 5 种，二级重点保护动物 12 种）、属于国家重点保护的鸟类有 27 种（其中，国家一级重点保护鸟类 7 种，二级重点保护鸟类20 种）保护野生动物的图片，使施工人员能更好地认识和保护藏羚羊等野生动物。

（2）在施工过程中，对参与施工的人员严格管理，并采用设置施工场界围栏、宣传标志牌等环保措施，杜绝发生人为追赶、惊吓、捕杀藏羚羊等野生动物的行为。

（3）本工程昆仑山至五道梁段的施工时间为 2010 年 10 月中旬—12 月，避开了藏羚羊等野生动物每年 6 月至 9 月的迁徙集中时期，有效地避免了对藏羚羊等野生动物的不利影响。

（4）施工便道经过藏羚羊等野生动物出没地段时，设置警（预）告、禁止鸣笛等标志。

（5）根据藏羚羊等野生动物分布及数量、生活习性等规律设置野生动物通道，保证藏羚羊等野生动物正常的迁徙、活动；施工期间听从野生动物保护站统一指挥，在藏羚羊等野生动物活动或迁徙过程中停止施工，避免惊扰藏羚羊等野生动物。

（6）塔基基坑开挖施工阶段，在有藏羚羊等野生动物经过的地段，每天施工完毕时采用围栏等隔离措施，防止藏羚羊等野生动物误闯掉落基坑内。

（7）禁止在藏羚羊等野生动物通道内设置施工营地、场地。

# 6　环境监理工作经验、亮点和建议

## 6.1　工作经验

### 6.1.1　前期预防控制是基础

（1）宣传、培训。开工前，总指挥部、青海段业主项目部、环境监理部、各标段项目部分阶段进行了多次环保知识培训及宣传工作。让参建人员全面了解、掌握工程沿线国家保护野生动植物及生态环境状况，基础施工、组塔架线等施工过程中应采取的环保措施，提高了参建者在施工过程中保护生态环境的意识。并下发了工程环保工作手册及环保须知等资料。

（2）各标段分别制作了大型环保水保宣传栏，设置在工程沿线的醒目处。施工现场配置并下发了环保、水保的相关法律、法规的宣传横幅、宣传标语旗。

（3）现场配置环保专职人员，专门负责现场环保管理工作。

（4）业主项目部与各施工单位分别签订了环保水保责任书，责任书中明确了各个参建单位在环保水保工作实施中的职责。

### 6.1.2　施工过程控制是根本

进度控制的重点是落实"三同时"制度，即防止环境污染和生态破坏的设施，必须与主体工程同时设计、同时施工、同时投产使用。

（1）审查施工单位提交的施工组织设计、施工技术措施和施工进度计划中关于环境保护的内容，满足与主体工程同时进行施工的进度要求。

（2）监督检查施工单位落实环境保护进度计划。

（3）在环境保护措施实施计划执行过程中，密切与有关方面的联系，深入实际，及时了解分析影响进度的因素并提出建议，预防进度严重滞后等失控现象。

（4）环保工作采取随机抽查、专项检查和月检查的方式。对随机抽查中发现的问题及时整改，专项检查中发现的问题专项整改，月检查中发现的问题除了执行整改程序外，对检查的结果进行汇总、评比，并给予奖励或处罚。

（5）在组织召开每月的安全例会时，同时召开环保、水保例会，根据各种检查情况，分析总结环保水保工作中存在的问题，及时调整各阶段环保水保工作的重点。

（6）采取的具体措施主要有：

1）施工便道的设置同样遵守"合理规划，保护生态"的基本原则，最大限度地利用现有便道，尽量避免新开运输及施工道路。

2）新开道路时，尽量选择植被较少、道路较为平坦的区域。宽度不得超过2.4 m，并在道路两边设置警戒线，把人、车的活动限制在一定的范围内。且在车辆和人员进场前铺盖草垫（棕垫或彩条布），以减少对地表植被和土壤结构的扰动破坏；禁止在施工过程中随意碾压草皮，乱堆乱放工程材料，乱建营地等，有效地控制了对生态环境的影响。

3）在地势较高、地形较差的塔位施工时，运输道路的修筑难度较大，破坏的环境也较多，在这种塔位施工时，尽量选择索道进行材料运输。

4）提高工作效率，缩短扰动时间。

5）不得将生活垃圾、施工垃圾倾倒到施工点周围的河道。

（7）施工前，将塔位临时占地用彩条布等衬垫，土石方、机具等物料不得直接与地面接触，同时，将开挖出的土石方用彩条布苫盖，未造成尘土飞扬的情况。

（8）施工结束后，及时清除生活垃圾、施工垃圾到指定地点，及时回填施工用坑，及时清除剩余的施工原材料，确保施工完成后的现场做到"工完、料尽、场地清"。

### 6.1.3 后期治理控制是效果

（1）对施工扰动区进行植被恢复、碎石压盖等恢复原有土地的功能。

（2）对于既不适宜种草、又不适宜碎石压盖的塔基区、塔基扰动区、施工临时道路、材料站、张牵场等，采取土地整治或清理平整的措施。

## 6.2 技术创新亮点及主要做法

### 6.2.1 举办施工期环境保护知识培训班

（1）环境监理人员按照环境影响报告书及其批复的要求、输电线路施工特点及各标段的实际情况，编制施工期环境保护知识培训班授课资料、PPT。

（2）与各施工项目部协商环保知识培训授课时间、地点、方式、参加人员。

（3）在不影响施工进度的前提下，利用施工人员休息或不施工时间进行培训。

### 6.2.2 发放《施工期环境保护手册》《施工环境保护须知》环保宣传材料

（1）环境监理人员按照环境影响报告书及其批复的要求、输电线路施工特点及各标段的实际情况，编制了《施工期环保手册》和《施工环境保护须知》。

（2）结合环境保护知识培训，向培训人员发放环保手册及施工环境保护须知。

（3）利用巡视检查施工现场的时间，向现场施工人员发放环保手册及施工环境保护须知。

（4）发放《施工期环保手册》300 册、《施工环境保护须知》300 份。

## 6.3 建议

环境是人类生存和发展的基本前提。环境为我们生存和发展提供了必需的资源和条件。随着社会经济的发展，环境问题已经作为一个不可回避的重要问题提上了政府的议事日程。从 1973 年国务院成立环保领导小组开始，经过 30 多年的发展，我国的环境保护事业取得了积极进展，已经形成了完整的环境保护政策体系，环境监理机构也随之应运而生。

青藏高原素称"世界屋脊""地球第三极"，雄踞亚洲大陆，青藏高原作为一个独特的自然地域单元，其地理位置、地质结构、气候特征、民族文化和独特的生态资源以及由高寒草甸、草原与荒漠三大生态系统为特色的自然环境表现出的脆弱易变的不稳定性，决定了其在人类生存环境、中华民族的未来和全世界经济社会发展中都具有十分特殊的地位。青藏高原是名副其实的亚洲气候及其变化的启动区和调节区，如果源头地区生态环境持续恶化，就会影响到全流域的生态安全，也会影响到江河下游国家和地区的饮水安全、灌溉发电以及整个社会经济的可持续发展。青藏高原所处的地理位置和独特的地貌特征决定了其具有丰富的生物多样性、物种多样性、基因多样性、遗传多样性和自然景观多样性。青藏高原严酷的高寒环境，构成了地球生物圈独特的生命繁衍区，是许多生物种类的边缘分布和极限分布地带，成为世界上高海拔地区最珍贵的种质资源基因库。因此可见，青海—西藏±400 kV 直流输电线路工程实施工程环境监理工作的重要性及意义。

### 6.3.1 开展环境监理工作的重要性

（1）环境监理对环境行政主管部门工作的支持。环境行政主管部门人手少、任务重，对项目进行全过程管理难度很大。开展工程环境监理，引入具有专业技术的环境监理队伍，给环保管理部门增添助手，从专业技术角度为环境行政主管部门把关。

建设项目环境监理单位定期就建设过程的环境保护情况提出报告，特别是要对"三同时"工作是否在控制节点之前完成做出判断，提出合理建议。使环境行政主管部门及时了解项目的情况，能够集中精力，重点对各项环保措施落实不力及环保污染治理设施"三同时"执行不到位的建设项目进行检查和处罚。

工程环境监理制度可以使环境管理工作融入整个工程项目建设过程中，变事后管理为过程管理，确保"三同时"制度落到实处。

（2）环境监理对业主的帮助。监督施工单位在工程项目施工过程中全面贯彻落实国家有关的环境保护法律法规要求，协助业主正确理解环保政策法规及明确项目批文的要求，增强环保理念，协助业主全面落实环评报告书及其批复要求的各项环保"三同时"措施，并且符合各级环保部门的要求。

为业主提供专业的环保技术咨询、服务，在技术经济上达到优化、节约，参与施工期及试生产期涉及环保突发事件的处理。

（3）负责编制环境监理方案和环境监理总结报告，作为项目环保竣工验收依据之一；协助业主组织整理环保竣工验收资料，参与环保竣工验收。

### 6.3.2 环境监理工作中存在的问题及建议

环境监理机构应该在建设项目的环评、施工图设计阶段介入，以便参与环保总体方案的制定和施工图的设计审查，同时协助业主审核招标文件中环境保护条款。但是在具体实践中，环境监理工作往往是在环评和设计都已全面完成、环境行政主管部门在环评批复中明确提出环境监理的要求之后才开始。另外，建设单位环保意识薄弱，经常要等到工程施工进行得差不多了，甚至快要竣工时，才想起环境监理的要求，环境监理工作严重滞后。建议对建设单位的设计阶段文件（包括初步设计和施工图设计文件）实行备案制度，并要求建设单位在设计阶段就必须与环境监理单位签订环境监理合同，这样环境监理单位就能够把环评文件的要求体现在设计文件之中，从源头落实环保要求。

# 京沪高速铁路

## 中国铁道科学研究院

京沪高速铁路是我国《中长期铁路规划网》中"四纵四横"客运专线的南北向主骨架。为降低高速铁路建设对沿线环境造成的不利影响,京沪高速铁路施工期全线开展环境监理工作,并引进施工期环境监测手段,对环境监理、环保措施效果进行客观评估,以期达到环境污染控制有效,土地资源节约利用,工程绿化完善美观,节能、节材和环保措施落实到位,努力建成一流的资源节约型、环境友好型高速铁路的全线环保工作总体目标。

## 1 工程概况

京沪高速铁路位于我国东部,线路自北京南站西端引出,沿既有西黄线,在黄村跨京山线,沿南侧经廊坊至天津南站,修建联络线引入天津西站并改造为高速始发站;继续向南与京沪高速公路大体平行,过沧州西、德州东,在京沪高速公路黄河桥下游 3 km 处跨越黄河,至济南市西郊新设济南西站;向南与京福高速公路大体平行,经泰安西、曲阜东、滕州东、枣庄西,沿京福高速公路东侧南行进入江苏省境内,跨京福高速公路后,在徐州市东部新设徐州东站;继续南行,进入安徽境内,过宿州,于津浦线新淮河铁路桥下游 1.2 km 处跨淮河后新设蚌埠南站,在南京长江三桥上游 1.5 km 的大胜关越长江后新设南京南站;东行至镇江南 6 km 处新设镇江南站,沿沪宁高速公路北侧东行,经常州、无锡、苏州,在蕴藻浜桥通过黄渡线路左侧向引入上海站,终到上海虹桥站,线路全长 1 318 km。

## 1.1 技术标准及工程数量

### 1.1.1 主要技术标准

(1)铁路等级:高速铁路;

(2)正线数目:双线;

（3）设计速度：设计最高速度 350 km/h，运营速度 300 km/h。跨线列车运营速度 200 km/h 及以上；

（4）牵引种类：电力；

（5）列车类型：动车组。

## 1.1.2 工程主要内容及数量

（1）线路。全线正线长度 1 318 km。联络线 19 条 136.012 单线 km，动车组走行线累计长度 28.481 单线 km，既有线改建 35.064 单线 km。

（2）路基。全线路基总长度 242.5 km，占线路总长 18.4%。

（3）桥梁。全线正线桥梁共 288 座，总长度约 1 059.7 km，占线路总长 80.4%。

（4）隧道。全线隧道 21 座，总长度 16.8 km，占线路总长 1.2%，最长隧道西渴马一号 2 812 m。

（5）站场。全线 23 个车站（不含北京南站），其中天津西站、济南西站、南京南站、上海虹桥站为始发终到站，其余 19 个车站为中间站。

（6）轨道。无砟轨道。

（7）电力与牵引供电。全线共设置 27 座牵引变电所，26 个分区所，50 个 AT 所，采用两路热备 220 kV 外部电源进线。

（8）通信信号。通信系统采用 GSM-R 系统，CTCS-3 级列车运行控制系统。

## 1.1.3 临时工程

（1）取弃土场。全线取土场 24 处；弃土（碴）场 124 处。

（2）施工便道。全线需设置贯通便道总长度为 1 257.3 km。

（3）铺轨基地。全线设李窑、济南、徐州、南京、虹桥共 5 个铺轨基地。

（4）箱梁制梁场。全线设 48 处。制梁场布设制梁区、存梁区、钢筋绑扎区、混凝土搅拌区、砂石堆料区、机修区、生活区等部分，每处占地规模在 12 $hm^2$ 左右。

（5）全线设混凝土集中拌合站 153 处。

（6）全线设改良土搅拌站、级配碎石拌合站，全线设级配碎石、改良土拌合站 37 处，每处占地 2 $hm^2$ 左右。

（7）轨道板预制场。全线设置预制轨道制板场 17 处。

## 1.1.4 工程占地

工程永久占地 4 816.6 $hm^2$，其中占用耕地 3 686.1 $hm^2$（基本农田 3 051.0 $hm^2$）；

临时用地 3 257.4 hm²。

## 1.2 工程环境概况

### 1.2.1 地形地貌

京沪高速铁路沿线可分为平原和丘陵两大地貌单元，其中北京至济南段通过冀鲁平原，济南至徐州段通过鲁中南低山丘陵区，徐州至上海段通过黄淮平原和长江三角洲平原，15.9%的线路位于低山丘陵区。

北京至廊坊为冲积、洪积平原，地势由西北向东南缓倾；廊坊至武清及沧州至济南以北为冲积平原，廊坊至武清地势由西北向东南缓倾；武清至沧州为近海冲积平原，地势由西向东缓倾，其中天津市区及其以南团泊洼一带地势低洼，沟渠坑塘密布；沧州至济南地势由西南向东北缓倾。

济南以南至徐州属鲁中南低山丘陵区，地形起伏大，尤以济南至泰安地势陡峻，是全线海拔最高的地段。该段受区域构造的影响，以剥蚀为主，冲沟发育，河谷下切明显，丘间谷地发育有小型的冲洪积平原及盆地。

徐州至上海段线路主要通过黄淮冲积平原、长江三角洲平原区，局部通过剥蚀低山丘陵区。

### 1.2.2 气候特征

沿线气候由北至南分属暖温带亚湿润季风气候、暖温带半湿润季风气候和亚热带海洋季风气候，多年平均降雨量 536～1 440 mm。

北京至南京段暖温带亚湿润季风气候区，南京至上海段属亚热带海洋性季风气候，全年寒暑变化明显，四季分明，温和湿润。

### 1.2.3 水系

沿线经过海河、黄河、淮河和长江四大水系。

### 1.2.4 动植物

沿线地区农业开发历史悠久，森林植被极为稀少，自然植被多被人工栽培物代替，主要分布在低山丘陵的上部、河谷两旁、农田四周及村镇周围和铁路公路两旁，淮河以北以落叶阔叶林为主；淮河经固城、太湖北缘到上海一线，多为落叶阔叶—常绿阔叶混交混叶林，此线以南为常绿阔叶林。灌丛和草丛分布于丘陵山地；沙生植被分布于海边沙滩及黄泛区；沼泽植被分布于江湖沿岸、低洼湿地；

水生植被主要分布于湖泊、溪沟、池塘内。林木覆盖率分布不均,低山丘陵区林木覆盖率较高,平原地区林木覆盖率较低。

沿线城镇密集,城市化水平和土地利用率高,无大型珍稀野生脊椎动物和国家重点保护野生兽类分布。

### 1.2.5 水土流失现状

沿线水土流失以轻度、中度侵蚀为主,兼有重力侵蚀。山东境内的济南至曲阜为省政府公告的水土流失重点治理区;安徽境内的宿州、蚌埠部分地段是安徽省政府公告的水土流失重点监督区,滁州是水土流失重点治理区;江苏境内的南京至镇江是江苏省政府公告的水土流失重点预防区;北京至徐州段经过的北京市、天津市、河北省、江苏省境内地区不属于划定的水土流失重点防治区范围。

## 2 监理依据

京沪高铁施工期开展环境监理工作,是京沪高速铁路监理"五控制、两管理、一监督、一协调"职责中的一项重要内容,监理依据如下:

(1)京沪高速铁路环境影响报告书;
(2)京沪高速铁路水土保持方案;
(3)原铁道部、国家环保总局的批复文件;
(4)京沪高速铁路设计文件及审查意见;
(5)京沪高速铁路建设管理办法;
(6)国家有关环境管理法律法规、部门规章、标准规范;
(7)沿线省市相关环境管理规章。

## 3 环境监理工作程序、方式

### 3.1 环境监理机构设置

京沪高速铁路全线划分为9个施工标段,由8家监理机构负责全线工程施工监理。监理机构下设环境监理部,负责本标段施工期环境监理工作。监理工作实行总监负责制。同时,全线单独设立一个施工期环境监控单位,负责协调各标段监理工作,并开展全线施工期环境监测工作。

## 3.2 环境监理工作制度

环境监理工作开展过程中建立了一系列工作制度,以保证环境监理工作规范、有序地进行。环境监理作为工程监理的组成部分之一,按照监理项目部的工作程序开展环境监理工作。

(1)首次工地例会。首次例会及常规监理例会必须有环境监理参加。会议讨论和研究的问题及情况应完整地记录下来,形成文字材料,成为约束履约各方行为的依据。会议决定执行的有关事项,仍应按规定的程序办理必要的手续。

(2)环境监理专题会议。环境监理单位,根据需要建立定期或不定期专题会议制度,如每周、月汇报会,月环保工作计划总结会,专项研讨会等,达到加强管理、沟通情况、交流经验的目的。

(3)施工组织设计方案审查。施工组织方案的编制要结合项目特点和《京沪高速铁路施工期环境保护水土保持措施》要求,提出明确和切实有效的环保措施;临时设施开工前应填报"环境保护措施报审单",报监理单位审查。施工组织方案的审核要有明确的环保方面的审查意见,不符合环保要求的施工组织方案不得批准开工。

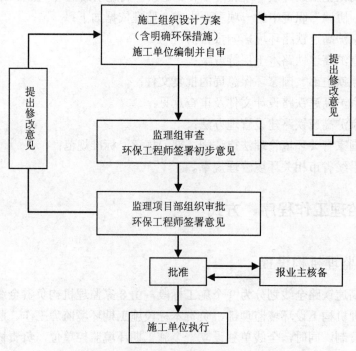

图1　施工组织方案审查程序

（4）环保变更设计。涉及环境保护方面的变更设计，须经过环境监理签署意见后，变更设计文件由建设单位审核、批复，后发送监理单位，以利监督检查。

（5）大型施工临时设施管理。大型临时施工设施和主要施工营地、场地、便道等临时工程的设置方案必须经过环境监理签署意见后，报京沪公司工程管理部审核，并报项目监理部备案。

（6）环保停工令、复工令审批程序。施工期间，环境监理单位对合同范围内的工程环境质量负有监督检查的职责。对确实存在重大危及环境保护的事件，环境监理工程师对现场进行调查、取证，对事件产生的原因、后果进行分析、记录、判断。当判断非停工整顿不能保证工程质量或保护环境时，环境监理工程师报总监签发停工令。施工单位根据停工令要求的整改措施和完成时间整改后，填写复工申请，报送环境监理核验。环境监理工程师现场验证合格，签署意见，由总监理工程师审批。

（7）施工期环保问题的分类和处理。为保证京沪高速铁路施工期各项环保措施的落实，在环境监理工作中，对发现的环保问题进行分类处理，并建立相应的处理制度。环保问题按其对环境的影响程度，划分为重大环保问题和一般环保问题。

1）重大环保问题。不符合施工组织方案审查要求的：施工组织设计方案无明确和切实有效的环保措施，未经监理部审批的；临时设施开工前未填报"环境保护措施报审单"的，如未经批准擅自设置取弃土场、砂石料场、施工营地、施工场地及施工便道；施工中造成严重危及环境的事件；对签发二次以上环境监理通知责令整改的环保问题没执行的。

2）一般环保问题。未按设计要求和批准的范围、距离、位置设置制梁场、混凝土拌合站、取弃土场、砂石料场、施工营地、施工场地及施工便道等临时设施的；临时弃渣场、弃土场未设临时支挡结构，对地表径流影响较大的；批准的弃渣场和弃土场未按设计要求设置支挡结构；桥梁施工钻孔桩基泥浆水未按要求处理的；施工营地建设及施工营地和场地的固体废弃物和污水的处置未按京沪高速铁路施工期环境保护措施执行的；其他对生态环境和水环境有破坏行为的。

3）重大环保问题的处理。

a. 项目监理部以"通报"的形式进行通报批评；

b. 报告业主进行相应的处理；

c. 根据具体情况签发停工令，责令限期整改。

4）一般环保问题的处理。对一般环保问题，监理项目部或监理组向施工单位和工程监理单位签发"环境保护监理通知书"，责令限期按要求的环保措施执行，整改合格后，签发"环境保护整改验收单"。

（8）环境保护问题的报告制度。对重大环保问题，环境监理工程师，应迅速上报业主，并及时处理，防止事态的扩大；对一般环保问题，按相关要求在环境监理月报中予以反映。

（9）环境监理日志、环境监理月报与档案管理。

1）环境监理日志。环境监理日志是监理项目部和环境监理工程师必备的专用手册，是监理工作的重要资料，环境监理人员应逐日逐项认真填写，特别是涉及重要环保问题、变更设计、会议决定、上级指示，有关环保工作进度、环境事故等有关事项都应详细写入日志。

2）环境监理工作月报。环境监理单位应定期向业主提交监理工作月报，报告内容如下：

a. 工程概况；

b. 环境保护执行情况；

c. 主体工程环保工作进展、环保措施落实情况；

d. 临时工程环保措施落实情况；

e. 风景名胜区、环境敏感区环保措施执行情况；

f. 环保事故隐患或环保事故；

g. 环境监理工作中发现的问题及建议；

h. 典型案例。

3）文档管理。结合实际建立有关往来函、电处理；日常环境监理工作技术资料整理；技术资料归档管理等制度。

## 3.3 环境监理工作方法

采取文件核对与巡视检查评估相结合的方式，监督检查施工单位的环保保证体系，施工中环保、水保措施落实情况。对重点工程辅以现场监理工程师监督。对于可量化指标，如污水、大气污染物、噪声、振动、固体废弃物等进行现场环境监测，并将监测结果作为评估施工、监理效果的依据。监理工作流程见图 2。

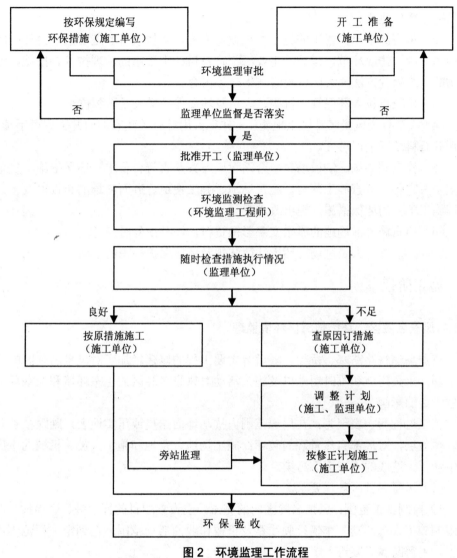

**图2 环境监理工作流程**

# 4 环境监理工作要点

## 4.1 施工准备阶段

（1）核对设计文件、施工图纸中有关环保水保措施的落实情况，并根据现场实际提出优化建议。

（2）审查施工单位提供的施工组织设计方案，具体项目的施工组织设计中应包括"三废"排放环节，排放的主要污染物及设计中采用的治理技术、措施、污染物的最终处置方法和去向以及清洁生产等内容。

（3）检查承包人环保管理机构、人员及环境保护措施是否到位。

（4）检查有关风景名胜区土地施工、林地占用等有关政府部门开工许可手续；检查砂石料场开采许可证。

（5）检查制梁场、制板场、拌合站设置方案是否符合要求，环保措施、复垦方案是否完备；审查施工营地、施工场地、施工便道、砂石料场的布设以及重点工程施工工艺的环保措施，提出改进意见。

（6）检查施工前场地的原始文字影像资料，以备恢复时参考。

（7）开展施工人员进场前环境法律法规及环境保护知识的培训。

## 4.2 施工阶段

### 4.2.1 风景名胜区、环境敏感区环境监理

京沪高速铁路路基、桥梁、隧道等主要工程的修建增加了对风景名胜区的线形切割，永久用地和临时用地以及施工活动对风景名胜区的生态环境和景观环境产生一定的影响。

施工过程影响表现为：在局部范围内扰动地面结皮或压实地表，踏踩植被和地表覆盖层，对局部自然景观的破坏；施工场地、营地和施工人员、机械的生产和生活行为造成的"三废"污染。

（1）风景名胜区环保要求。

1）控制施工范围：风景名胜区内的施工，应设置醒目的标示牌、边界线，严格限制施工人员活动、车辆行驶线路及机械作业的活动范围。在划定工程范围内施工，不得跨越界限进入一级、二级保护区。

2）施工临时设施布局紧凑，材料堆放整齐，场地整洁，道路平整，与所处环境（风景区、城市）景观尽可能协调。

3）严禁在景观敏感区内设置取、弃土场，严禁随意铲除地表植被和林木；施工临时弃渣堆放应做好水土保持措施。

4）风景名胜区内施工结束后，应加强对场地、便道以及线路两侧的绿化恢复措施。

（2）风景名胜区监理检查内容。

1）审核开工前的环保手续落实情况。风景名胜区内的施工，应及时办理各风景名胜区的施工许可，制定相应施工环保专项施工组织方案。

2）施工营地、场地、便道等临时设施设置方案是否经总指挥部工程管理部审核批准。

3）是否按环评及设计规定的范围和施工程序和方式施工。风景名胜区施工应设置醒目的标示牌、边界线，严格限制施工人员、机械作业范围以及走行线路，不得任意行驶和碾压植被。

4）严禁在景观敏感区内设置取、弃土场，严禁随意铲除地表植被和林木；施工临时弃渣堆放应做好水土保持措施。

5）检查临时设施布局紧凑，材料堆放整齐，场地整洁，道路平整，与所处环境（风景区、城市）景观尽可能协调。是否对风景区造成景观破坏。应尽量减少视觉冲击，同时确保自然植被和景观的恢复。

6）景观保护、绕避绿化、植草等措施是否满足环保设计要求。

7）各类生产、生活垃圾及废弃物是否统一收集处理。

8）施工便道应采取适当洒水抑制扬尘，运输土石方的车辆应根据季节采取加盖篷布密封和洒水湿法运输，以减少扬尘的污染程度。

9）施工结束后结合景观要求，及时开展临时设施的环境恢复工作，加强对场地、便道以及线路两侧的绿化恢复措施。

10）检查施工前后临时施工场地的影像资料。

## 4.2.2 制梁场、拌合站等环境监理

（1）制梁场、拌合站主要环保要求。

1）制梁场、拌合站等硬化的施工场地应尽可能综合利用、减少占地。

2）制梁场应当保存表层土，复垦要严格按照复垦方案进行，复垦完成并经评估合格后方可退还。

3）施工过程污染防护措施落实情况。

（2）制梁场、拌合站环境监理。

1）检查制梁场、拌合站设置方案是否经总指挥部工程管理部审核批准，复垦方案是否完备。

2）检查施工前后临时施工场地的文字影像资料，以备恢复时参考。

3）检查表土（耕作层）堆放保存情况。

4）物料运输施工便道根据施工季节采取适当的洒水抑制扬尘措施。

5）渣、土等散装货物装载应拍平压实，不准超载，减少遗撒。

6）在产尘点较大处，采取湿法作业，降低扬尘对大气环境的污染。

7）对混合设备冲洗泥浆废水、机械保养维修含油废水、湿法钻孔冲洗岩面产生的废水一律要有污水处理设施，废水必须经处理达标排放。垃圾须集中处置。

8）石料场产生的废渣及时清运到指定地点并做好防护，不得随意堆放。

9）检查施工后临时施工场地复垦情况，并经评估合格后方可退还。

### 4.2.3 路基、桥涵、隧道、站场工程环境监理

（1）路基、桥涵、隧道、站场工程的主要环保要求。

1）控制"三废"污染对城市区域及敏感点的影响。

2）做好主体工程水土保持，防止水土流失。

3）做好路基、站场绿化和景观恢复措施。

（2）路基、隧道工程的环境监理。

1）路基边坡防护工程施工过程中，监理工程师对护坡材料进行进场检验，对骨架的深度、宽度、位置进行现场验收。对施工完的骨架护坡逐段路基进行破检，确保施工质量符合设计图纸和验收规范要求。

2）排水工程施工过程中现场监理工程师对沟槽开挖、混凝土浇筑等重点部位和关键工序进行了旁站监理，对每个排水设施的接口处进行了重点监控，保证内部排水体系通畅、与外部排水体系顺接、涵洞不积水等关键控制环节，实现了整个排水体系畅通、确保铁路运营安全的目标。

3）监理工程师根据路基绿化工程设计图纸，对绿化部位、苗木品种、苗木数量、栽种株距等进行了检查验收，对苗木的成活情况进行了核查，及时督促绿化施工单位对成活率不足的进行了补种并复验合格。

4）路堑开挖设计采用爆破方法时，不得采用扬弃爆破，以防止开挖界以外的生态环境遭到破坏。路堑挖方尽量用作路堤填方，挖方不能利用时，应到指定弃土场堆弃，并做好防护措施。

5）隧道出渣及利用与各用渣工程在时间上相协调，若隧道弃渣临时堆砌时，应设临时防护措施，避免造成水土流失。严禁沟道河谷弃渣，雨季弃渣应随弃随防护，不得施工结束时才防护。

6）隧道弃渣应选择地势低洼、无地表径流、植被稀疏、适当远离线路地方堆砌；弃渣完成后，做好坡脚挡护，达到设计挡护要求。渣顶采取平整、覆盖并设排水沟，避免过量堆砌，造成人为滑塌；有条件的采取复垦绿化。

7）隧道洞口尽量不刷边仰坡，减少对原地貌和植被的扰动。

8）隧道施工时，应在隧道进（出）口设置沉淀池，对隧道施工产生的高浊度

废水进行沉淀处理后再排放。

9）隧道钻孔及爆破扬尘应按设计要求喷水降尘或经除尘设备处理后排放。废油应使用吸油材料吸附废油，并与浸油材料一同收集密封清运。

（3）桥涵工程的环境监理。

1）施工营地设置远离水体边缘；含有害物质的施工物料不得堆放在河流、沟渠等水体附近。在沿线江河、湖泊、水库最高水位以下的滩地岸坡禁止堆置弃渣、垃圾及其他污染物。

2）对开挖的河岸边坡，回填的挖土应及时采取有效的岸坡防护措施，防止河岸冲刷。施工中应对桥台边坡进行防护，防止水土流失。

3）控制桥梁挖基作业面。泥浆池规范设置，四周设置围栏、防止人畜误入。桩基渣土及时清运，不得倒入河流、弃置河滩，挤压河道，尽量用做填方或适当场所进行坡脚砌筑后堆放，或应按设计要求纳入指定弃土场；涵洞基础弃土妥善处置，防止雨季淤积农田，涵洞下游接引沟渠避免雨季冲刷。

4）桥梁施工应采取措施防止石油类污染物排入水体；桩基钻孔施工产生的泥浆，经沉淀分离后，沉渣外运弃至当地环保部门指定地点，废水重复利用或用于场地、道路的降尘和绿化。

5）桥梁施工结束后，要及时清除围堰等水中的杂物，对原有河道、沟渠进行清淤，保证水流畅通。

6）施工后场地应清理。将杂物垃圾集中收集，不得进入河道。采取措施防止施工机械废油对河流污染；浸油废料集中收集封存外运。

（4）站场工程的环境监理。

1）控制"三废"污染及对敏感点和周围环境的影响。

2）检查站场绿化和景观恢复措施。

## 4.2.4 取弃土场及施工便道环境监理

（1）取弃土场及其便道的环保要求。

1）严格按设计要求取弃土，不得乱挖乱取，破坏地表植被。遵循分段集中取土的原则，施工中加强土石方调配，尽量移挖作填。取土场取土前，应将地表30～40 cm 的耕作层推到一侧临时堆放，完工后覆盖地表以利复耕；耕作层土壤的临时堆放应设置围挡措施，施工后及时做好恢复工作。

2）弃土应优先选择在邻近的取土坑和低洼地，避免占用耕地，堵塞沟渠、河道，设计容量要满足总弃渣量的需求，挡护工程措施设计可靠，严格按照路基土石方调配方案，做好施工组织安排，避免因不合理施工组织导致弃土弃渣数量的增加，先挡后弃。

3）外购土方时，应与当地政府协商，签订正式的购买商品土协议，明确水土流失防治责任等。

4）合理规划、设计施工便道，充分利用乡村既有道路、农用机耕路和铁路进站道路，各种机械和车辆固定行车路线、有序行驶，不能随意下道行驶或另行开辟便道，以保证周围地表和植被不受破坏。便道使用完毕后，对再利用便道，进行清理平整，保证其通行能力。对废弃便道，须予以拆除、清理、恢复。

（2）取弃土场及其便道环境监理。

1）取弃土场设置方案是否经相关部门审核批准。

2）检查施工前后临时施工场地的文字影像资料，以备恢复时参考。

3）检查表土（耕作层）堆放保存情况。

4）监督核查取弃土场的位置、面积及取土深度；便道位置长度和宽度等是否符合设计和批复。取土场在施工过程中要求做到随取随平整，周界规则；取土完毕后，利用保存的耕作层土进行土地复耕或进行植被恢复。弃土场要做到顶面平整，坡面平、顺、直，并对弃土场顶面和坡面及时进行土地复耕或植被恢复。

5）施工便道应采取适当洒水抑制扬尘，以减少扬尘的污染程度。

6）检查弃土场挡护工程措施的落实情况，是否先挡后弃。

7）检查施工完毕后平整清理及植被恢复情况。

### 4.2.5 砂石料场的环境监理

（1）砂石料场的环保要求。

1）砂石料场开采应办理相关开采许可证，坚持逐级审批，持证开采。

2）砂石料开采时，要制定合理的开采计划和恢复措施，严格按设计指定位置和规模进行，坚持随采随平整和恢复原则，严禁随意乱开滥挖。

3）河滩地带采料时，应做好河道疏通和平整工作。

4）采砂场的洗砂废水经沉淀后，重复利用或排放。

（2）砂石料场的环境监理。

1）检查砂石料场设置是否已经取得相关资源管理部门的审批。

2）检查采石采砂是否在规定的范围内进行，不能随意扩大。

3）检查砂石料场采砂、采石过程中是否采取了沉淀及降尘处理措施，达到相关要求。

4）检查采料施工完成后是否按计划要求采取了相应的防护和恢复措施。

5）检查施工前后场地的文字影像资料，以备恢复时参考。

#### 4.2.6 施工营地、场地环境监理

（1）施工营地、场地环保要求。

1）临时工程的设置应优先考虑永临结合，尽量减少对耕地的占用。

2）临时工程用地周边应设置醒目的标示牌、边界线，严格限制施工人员活动范围、机械作业范围及行进线路。

3）施工场地、营地如预制场、铺架基地、改良土拌合站、级配碎石拌合站要严格按照规划要求设置。

4）小型施工场地、营地的设置应尽量利用沿线既有场地、站区永久征地和城市用地。

5）施工中，应结合工序特点，对临时用地进行综合利用，尽可能减少临时用地数量，如改良土拌合站和级配碎石拌合站结合、取土场地用作小型预制场、施工机械停放场或营地用地等。

（2）施工营地、场地环境监理。

1）检查施工营地、场地审核批准文件。

2）检查施工前后临时施工场地的文字影像资料，以备恢复时参考。

3）检查生产、生活设施是否符合环保要求，如施工营地和施工场所在敏感点附近施工的作业时间，是否对敏感点造成影响；生活污水合理利用或妥善处理，生活垃圾应妥善收集后及时按环保要求清运。其他施工废料废油等不得随意倾倒，污染周围环境和水体。燃煤生活锅炉房是否采取除尘措施。

4）施工便道应采取适当洒水抑制扬尘，以降低扬尘的污染程度。

5）检查施工营地、场地环境管理制度及环境保护宣传教育。

6）检查施工完毕后平整清理及植被恢复情况。

#### 4.2.7 污染治理措施环境监理

（1）噪声控制。

1）混凝土拌合站、预制场等高噪声作业场地设置应尽量避开居民集中区。

2）邻近居民区、学校和医院等噪声敏感地带的施工，要严格控制机械作业噪声；噪声大的施工作业应尽量安排在白天，因生产工艺要求或其他特殊要求需要连续昼夜作业的，应到当地建设行政主管部门、环保行政主管部门提出申请，批准后方能进行夜间施工。同时，要做好对周边居民的公告、宣传和沟通工作。

3）施工车辆通过城区、村庄时应减速慢行和减少鸣笛，加强沿线两侧受噪声影响较大的住宅小区（楼）、学校、医院、疗养院及人口稠密或受影响户数较多的

村庄等地段的各施工作业场地噪声控制。

（2）水污染防治。

1）施工营地设置应远离水体边缘；含有害物质的施工物料不得堆放在河流、沟渠等水体附近。

2）桥梁施工应采取措施防止石油类污染物排入水体；桩基钻孔施工产生的泥浆，经沉淀分离后，沉渣外运弃至当地环保部门指定地点，废水重复利用或用于场地、道路的降尘和绿化。

3）隧道施工时，应在隧道进（出）口设置沉淀池，对隧道施工产生的高浊度废水进行沉淀处理后再排放。

4）采砂场的洗砂废水经沉淀后，重复利用或排放。

5）施工生活污水要设置污水沉淀池，沉淀处理后用于施工降尘或绿化。

（3）大气污染防治。

1）施工场地、道路应定时洒水，防止施工扬尘对地表植被和农作物产生不利影响；城市区域施工场地出入口，应设置冲洗设备，对施工车辆轮胎及车外表进行冲洗，确保城市道路清洁。

2）运输易产生扬尘的建筑材料或土石方时，运输车辆应装料适中，并采用篷布覆盖严密。

3）施工场地、营地四周应采用围护措施；城市地带的施工场地裸露地表或集中堆放的土方表面，应采取临时覆盖措施，防止扬尘。

（4）固体废弃物管理。

1）施工中产生的废弃机具、配件、包装物及各类固态浸油废物等，应集中收集、封装，运至垃圾场进行处理或回收利用。

2）生活垃圾应统一分类（可降解和不可降解）收集，及时清运至环保部门指定地点处理。

## 4.3　施工期环境监控

京沪高速铁路施工期，在全面实施工程环境监理的基础上，首次采用了铁路建设施工期专项环境监控工作模式。监控单位在统一协调各标段环境监理工作的同时，对施工期主要施工现场的大气、水质、噪声、振动进行监测，取得科学客观的监测数据，可全面掌控施工期的环境影响程度，及时消除环境影响隐患。

### 4.3.1　环境监控指标

环境监控指标见表1。

表 1  环境监控指标

| | 监控项目 |
|---|---|
| 生态环境 | 土地占用、植被破坏、水保措施、景观变化 |
| 水质 | pH 值 |
| | 悬浮物（SS） |
| | 化学需氧量（COD） |
| | 石油类 |
| 大气 | 总悬浮颗粒物（TSP） |
| 噪声 | 等效 A 声级 |
| 振动 | Z 振级 |
| 固体废物 | 固体废物收集情况 |

### 4.3.2 环境监控方法

（1）环境监控方案。根据京沪高速铁路环境影响报告书以及现场踏勘情况，制订监控方案。监控单位根据不同施工阶段的主要环境影响因素及敏感点分布情况确定噪声、振动、大气、水质的监测指标、监测频率，定期开展监测工作。

（2）环境监控方法。京沪高速施工期环境监控是在整个施工期对重点环境控制点位进行水质、大气、噪声、振动的跟踪监测，监控点分布在 1 300 多 km 范围内，监测点分散，监控周期长。在监测方法的选择上既要符合相关标准的规定，又满足样品采集及保存分析周期的要求。

由于是首次在施工期环境监控中采用环境监测手段，监控单位对测定方法、采样布点、仪器设备、分析方法进行了深入研究，建立了适合铁路施工现场环境监测的一套监测方法。

## 5 环境监理工作效果

## 5.1 风景名胜区环境监理效果

京沪高速铁路沿线受施工影响的主要风景名胜区包括：龙子湖、琅琊山、牛首祖堂、南山风景名胜区。铁路建设过程中，施工单位按照要求，在保护区边界设置告示牌、宣传牌、严格控制施工行为，对于环境监理提出整改要求的工点，及时整改，使风景名胜区得到有效保护。例如，针对在琅琊山风景区附近的园郢子隧道弃渣场防护不到位，牛首祖堂施工现场较乱等情况，监理单位及时下发监理通知书提出整改要求，施工单位及时落实。

保护区边界指示牌

保护区警示牌

琅琊山风景区园郢子隧道弃渣场整改（左：整改前；右：整改后）

2009 年年初牛首祖堂景区施工现场　　　　　　施工现场已整改

## 5.2 主体工程监理效果

（1）路基工程。路基工程环保措施按照要求，得到全部落实。

骨架护坡　　　　　　　　　　对护坡浆砌片石破检

路基排水沟

路基边坡绿化

水沟外侧绿化

（2）桥涵工程。施工期按照要求进行泥浆处理、渣土清运，工程后及时进行恢复。

整改前的泥浆池　　　　　　　　　　　　　整改后的泥浆池

泥浆池防渗处理

泥浆处理设备

徐州京杭运河（左：围堰正在清理；右：围堰已清理）

谢边桥下绿化

丹昆特大桥桥下绿化

（3）隧道工程。施工期按照要求设置排水处理设施；隧道洞口、边仰坡、渣场得到有效防护。

南棚隧道仰坡

东芦山隧道仰坡

园郢子隧道出口沉淀池

螺丝冲隧道弃渣场

（4）站场工程。防护措施落实有效，施工场地整齐，排水通畅，植物护坡，后期进行站场绿化到位。

泰山西站站场平整

边坡防护施工

滁州站站场绿化　　　　　　　　　　　虹桥站场边坡绿化

## 5.3 临时工程监理效果

（1）取土、弃土（渣）场。取土、弃土（渣）场恢复措施按照实际要求落实。

DK1053弃土场护坡前　　　　　　　　　DK1053弃土场已挡护

弃土场植被恢复

（2）施工便道。为防止水土流失，便道表层铺 30 cm 碎石，两侧设排水沟。为保持整洁，要洒水抑尘。

便道洒水　　　　　　　　　　　　滁河特大桥便道

（3）制梁场、拌合站、施工场地。

表土保存

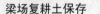

梁场复耕土保存　　　　　　　　　　　拌合站复耕

梁场复垦　　　　　　　　　　　　梁场绿化

浦东板场存板区绿化　　　　　　　浦东板场龙门吊横移区绿化

（4）施工营地及场地恢复。

钢筋加工厂绿化

梁场生活区

梁场垃圾收集箱          梁场生活污水处理

## 5.4 噪声防护措施监理效果

（1）声屏障安装监督。声屏障所用的材料均经监理工程师检验合格后方可使用。施工过程中现场监理工程师按设计图纸和验收规范进行检查、验收，确保声屏障安装合格。

监理人员现场检查声屏障安装

声屏障安装效果

（2）施工期噪声监测。根据环境监控方案，将沿线 100 户以上且距施工场地比较近的居民集中居住区和学校，全部列为噪声监测敏感点，共计 180 多处，在施工高峰期进行了噪声监测；同时对钻孔桩施工现场、制架梁、制板、拌合、站场施工等场界噪声进行了监测。

对噪声敏感点监测结果表明，钻孔桩施工噪声对居民区影响不大，虽个别测点大车通过时瞬间噪声较高，但等效声级全部低于场界噪声限值。大多数测点进行了两次复测，均未发现超标现象。

对施工场地不同设备作业时施工场界噪声监测结果表明，施工场界噪声基本满足场界标准限值要求。个别制梁场的拌合站、钢筋绑扎区噪声较高，但由于梁场面积较大，所以在梁场场界处噪声全部合格，对站场施工作业场地进行噪声监测，未发现超标现象。监测结果说明铁路施工对声环境影响不大。

## 5.5 水环境监理效果

### 5.5.1 敏感水体水质监测

自 2008 年施工建设开始至 2010 年一季度，对京沪高速铁路施工期重点保护的 13 处敏感水体水质进行了跟踪监测。分别在水中墩施工前、施工中、栈桥或围堰拆除后的不同阶段进行监测。在施工高峰期每月监测 2 次，非高峰期每季度监测 1 次。

水质采样时在跨越敏感水体桥梁施工位置的上、下游各设 1 个采样点，南京大胜关长江特大桥工地由于水面较宽，在上、下游断面上又分别设置了 3 个采样点。阳澄湖分东湖、中湖、西湖三个湖区，采样时在施工围堰外设置采样点，同时还在湖区中部设置对照点。由于水生生物指标更能反映施工活动对水体的影响，项目组于阳澄湖围堰施工中和围堰拆除后，分两次对阳澄湖的水生生物进行了监测，监测指标为浮游植物、浮游动物、底栖动物和水生维管束植物。

采用施工点位上、下游同时采样，上下游数据比对的监测评价方法，同一条河流，同一次采样，pH 值、SS、COD、氨氮、石油类上下游结果对照，均没有显著性差异。

（1）济南黄河特大桥施工期监测结果。在施工期共对黄河特大桥施工点位的水质进行了 15 次监测。水质评价采用上下游测定值比对的方式说明施工水体的影响情况。pH 值、SS、COD 监测结果见图 3、图 4、图 5。

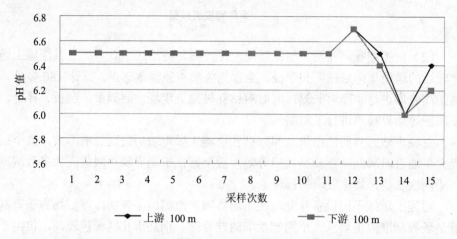

图 3　黄河特大桥施工期水质 pH 监测结果

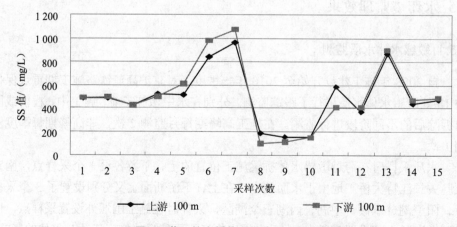

图 4　黄河特大桥施工期水质 SS 监测结果

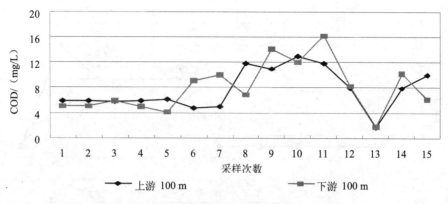

图 5　黄河特大桥施工期水质 COD 监测结果

从图 3 至图 5 可以看出，上下游监测结果没有显著性差异，说明黄河特大桥施工未对水体产生明显影响。

（2）南京大胜关长江监测结果。在南京大胜关特大桥施工期，共对长江水质进行了 10 次监测。由于南京大胜关特大桥施工处长江水面较宽，采样时在上下游断面上分设南部、中部和北部三个采样点。采样点位设置见图 6，各点 pH 值、SS、COD 监测结果见图 7、图 8、图 9。

从监测结果图中可以看出，上下游的监测结果差异不明显，未见下游值明显高于上游的趋势，说明长江大胜关特大桥施工未对水质产生显著影响。

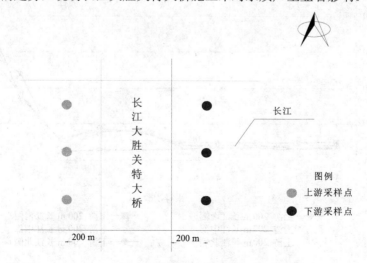

图 6　大胜关长江特大桥水质采样示意

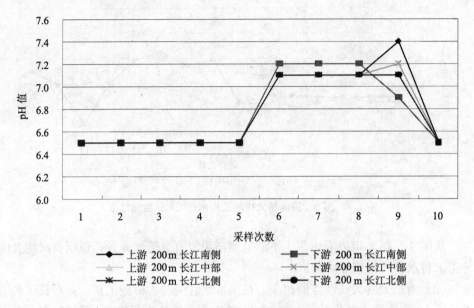

图7　长江大胜关特大桥施工期水质 pH 值监测结果

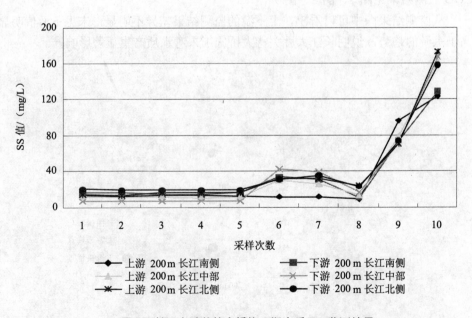

图8　长江大胜关特大桥施工期水质 SS 监测结果

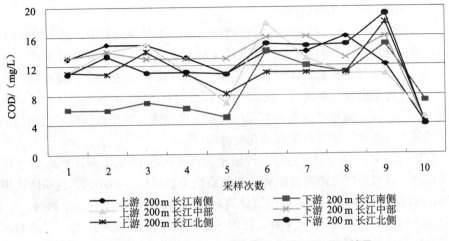

图9 长江大胜关特大桥施工期水质 COD 监测结果

（3）阳澄湖施工期水质监测结果。由于阳澄湖特大桥施工由原来设计的水中栈桥施工方案改为湖区施工分段筑坝的双排桩筑坝围堰施工技术方案，因此环境监控项目组对施工期阳澄湖水质进行了重点监测。分别在东湖东段、东湖西段和西湖设置了 7 个采样点，采集水样时在施工围堰边与湖中距离围堰 100 m 处同时采样。水质评价采用围堰边与湖中心测定值比对的方式说明施工水体的影响情况。监测指标为 pH、SS、COD、石油类和氨氮。

为了更加全面反映阳澄湖施工围堰的修筑对水质的影响，于施工围堰拆除前的 2009 年和施工围堰拆除后的 2010 年，对阳澄湖的水生生物进行了 2 次监测。分别在东湖和西湖垂直围堰方向设置采样断面，在断面上距离围堰 2 m、50 m、100 m、200 m、500 m、800 m 处设置采样点，共设置采样点 22 处。监测指标为浮游植物、浮游动物、底栖动物和水生植物的物种、数量。

pH 值、化学耗氧量监测结果表明，监测点与湖中对照点无显著性差异。

由于受到湖水波动冲刷以及施工扰动，围堰附近总悬浮颗粒物值高于湖中。

石油类的监测结果表明，西湖围堰边监测点石油类的值在 0.05～0.38 mg/L，湖中对照点石油类的监测值在 0.05～0.36 mg/L，东湖围堰边监测点石油类的值在 0.05～0.21 mg/L，湖中对照点石油类的监测值在 0.05～0.15 mg/L。

施工期在阳澄湖测定了 81 个水质氨氮的数据，监测结果显示西湖围堰边监测点氨氮的值在 0.05～1.34 mg/L，湖中对照点氨氮的监测值在 0.11～1.19 mg/L，东湖围堰边监测点氨氮的值在 0.07～0.83 mg/L，湖中对照点氨氮的监测值在 0.05～

0.66 mg/L。

（4）阳澄湖水生生物监测。

1）浮游植物。围堰拆除前，共检测出 6 门 64 种浮游植物，其中绿藻门 26 种，硅藻门 22 种，蓝藻门 6 种，裸藻门 4 种，黄藻门 3 种，金藻门 3 种。22 个采样点共检测出浮游植物 481 频次：其中，绿藻门的二形栅藻、四尾栅藻、小球藻、针形纤维藻出现频率最高，在 22 个采样点均有出现；其次为硅藻门的肘状针杆藻、尖针杆藻、窗格平板藻，蓝藻门的湖生束球藻、颗粒直链藻，绿藻门的镰形纤维藻奇异变种、单角盘星藻具孔变种等。

围堰拆除前，22 个采样点中，浮游植物物种数在 16～31 种（平均 22.2 种），浮游植物丰富度与样点距围堰距离的相关系数为 0.545（$p < 0.01$），说明距离围堰越远，浮游植物的种类越多，即围堰修筑对浮游植物的丰富度有一定影响。其中，阳澄湖西湖的物种数为 16～24 种，阳澄东湖的物种数为 17～31 种，阳澄东湖的浮游植物物种数略多于阳澄西湖（图 10）。

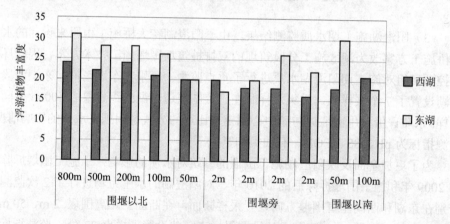

图 10　围堰拆除前浮游植物丰富度

围堰拆除后，共检测出 7 门 87 种浮游植物，其中硅藻门 33 种，绿藻门 29 种，蓝藻门 13 种，裸藻门 7 种，黄藻门 3 种，甲藻门 1 种，金藻门 1 种。22 个采样点共检测出浮游植物 272 频次：其中，绿藻门的单角盘星藻具孔变种出现频率最高，在 19 个采样点出现，其次为绿藻门的双射星盘星藻，在 13 个采样点出现，硅藻门的颗粒直链藻最窄变种和扎卡四棘藻各在 10 个采样点出现。

围堰拆除后，22 个采样点中，浮游植物物种数在 5～30 种（平均 12.4 种），浮游植物丰富度与样点距围堰距离的相关系数为 0.341（$p > 0.05$），说明距离围堰越远，浮游植物的种类并没有变多，即围堰拆除后，原围堰所在地的浮游植物丰富度并不低于其他地点。其中，阳澄湖西湖的物种数为 5～29 种，阳澄东湖的物种数为 9～30 种，阳澄东湖的浮游植物物种数多于阳澄西湖（图 11）。

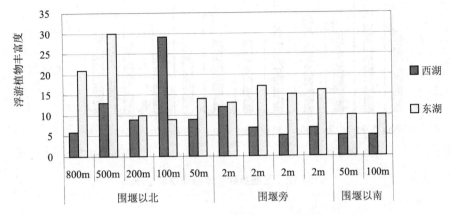

**图 11　围堰拆除后浮游植物丰富度**

围堰拆除前后对比发现，围堰拆除后，浮游植物的种类增加，其中，以硅藻门增加种类最多（11 种），蓝藻门增加 7 种，裸藻门增加 3 种，绿藻门增加 3 种。但在每个采样点的物种出现频次减少。京沪高速铁路围堰施工时，浮游植物的物种数略有减少，而围堰拆除后，虽然每个采样点的浮游植物种类相对围堰拆除前较少，但浮游植物的总物种数增加较多（23 种），丰富度大大提高。

围堰拆除后，浮游植物的个体密度有所增加，增加了 15.3%，说明围堰修筑会造成浮游植物数量减少，围堰拆除后浮游植物数量增加。

2）浮游动物。本次在阳澄湖调查中发现的枝角类、桡足类、轮虫动物和原生动物都是浮游动物比较典型的类别。

围堰拆除前，采样检测出浮游动物 24 个物种，其中轮虫动物最多 19 种，其次为桡足类 3 种和枝角类 2 种；共检测出 216 频次，其中以轮虫动物的萼花臂尾轮虫、前节晶囊轮虫在各个采样点均有出现（100%），其次为矩形龟甲轮虫（95.5%）、唇形叶轮虫（81.8%）和针簇多肢轮虫（81.8%），桡足类的汤匙华哲水蚤（77.3%）和轮虫动物的螺形龟甲轮虫（72.7%）。

围堰拆除前（图 12），22 个采样点中，浮游动物物种数在 4～15 种（平均 9.8 种），浮游动物丰富度与样点距围堰距离的相关系数为 0.545（$p<0.01$），说明距离围堰越远，浮游动物的种类越多，即围堰修筑对浮游动物的丰富度有一定影响。其中，阳澄湖西湖的物种数为 5～12 种，阳澄东湖的物种数为 4～15 种，阳澄东湖的浮游动物物种数略多于阳澄西湖。

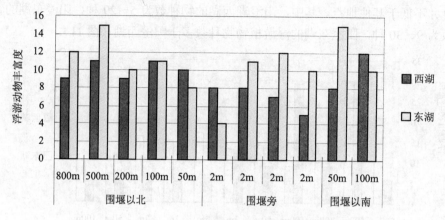

**图 12　围堰拆除前浮游动物丰富度**

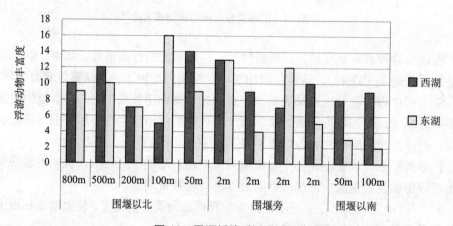

**图 13　围堰拆除后浮游动物丰富度**

围堰拆除后（图 13），采样检测出浮游动物 31 个物种，其中枝角类最多 13 种，轮虫动物 12 种，桡足类 5 种，原生动物 1 种；共检测出 220 频次，其中以桡足类的广布中剑水蚤、轮虫动物的萼花臂尾轮虫的出现频次最高（86.36%），其次为枝角类的长额象鼻蚤（81.82%）、角突网纹蚤（77.27%）和桡足类的汤匙华哲水蚤（77.27%）和中华窄腹剑水蚤（63.64%）。

围堰拆除后比拆除前的浮游动物物种总丰富度增加了（增加 7 种，29.2%），其中轮虫动物丰富度下降（减少 7 种），枝角类增加较多（增加 11 种），桡足类略有增加（增加 2 种）。

3）底栖动物。围堰拆除前，采样共检测出 13 个物种 93 频次，其中软体动物

（mollusca）6 种、节肢动物（arthropoda）4 种、水生环节动物（annelida）3 种；水生环节动物中的霍普水丝蚓和节肢动物中的摇蚊幼虫出现频次最高、分布范围最广。各点的底栖动物物种密度在 2~8 种/m²，其中阳澄湖西湖各点的物种密度为 2~6 种/m²，阳澄东湖各点为 2~8 种/m²。

　　围堰拆除后，采样共检测出 13 个物种 96 频次，其中软体动物 8 种，节肢动物 2 种，水生环节动物 3 种；水生环节动物中的苏氏尾鳃蚓、霍普水丝蚓和节肢动物中的摇蚊幼虫出现频次最高、分布范围最广。各点的底栖动物物种密度在 3~9 种/m²，其中阳澄湖西湖各点的物种密度为 3~6 种/m²，阳澄东湖各点为 3~9 种/m²。

　　围堰拆除后，底栖动物物种总丰富度基本没有变化，每个采样点的物种数略有增加。

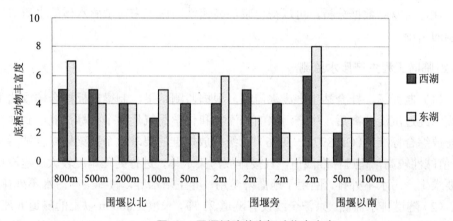

**图 14　围堰拆除前底栖动物丰富度**

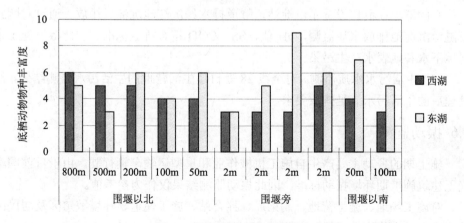

**图 15　围堰拆除后底栖动物丰富度**

围堰拆除前后，底栖动物个体密度变化不明显。

4）水生维管束植物。围堰拆除前，采样共检测出水生维管束植物9种，分别为金鱼藻、李氏木、龙须眼子菜、轮叶狐尾藻、浅叶眼子菜、水皮莲、香蒲、菹草、苦草，均在阳澄东湖。阳澄湖西湖的采样点未发现水生维管束植物。

围堰拆除后，采样共检测出水生维管束植物10种，分别为金鱼藻、槐叶苹、苦草、水皮莲、菱角、大茨藻、轮叶狐尾藻、水鳖、喜旱莲子草和菹草，与围堰拆除前一致，水生植物均出现在阳澄东湖。阳澄湖西湖的采样点未发现水生维管束植物。

调查发现，阳澄湖东湖有围堰处的水生维管束植物较多，并有挺水植物出现，这是因为围堰阻碍了水的流动，且围堰附近水较浅，利于植物生长；围堰拆除后，水生维管束植物恢复到原来状态。

通过对监测数据分析，可以得出京沪高速铁路施工未对敏感水体的水质造成影响的结论。

### 5.5.2 临时工程生产废水监测

（1）制梁场、拌合站生产废水监测。根据监测结果，制梁制板拌合排放的生产废水经过沉淀分离后，生产污水的悬浮物和化学需氧量两个指标都能达到《污水排放综合标准》（GB 8978—1996）二级排放标准的要求。个别梁场拌合站污水pH值碱性较高，超过标准限值，直接排放污染水体，进行处理难度较大。建设单位要求生产污水不外排，回用于地面降尘用、养生用水等，做到生产污水不外排。

（2）隧道排水监测。京沪全线设有隧道21座，长度1 000 m以上的隧道6座。施工过程中所有隧道施工均未打到含水层，都没有产生涌水，只有少量外排水。有排水的隧道在洞口设置了沉淀池，隧道排水经沉淀池沉淀后排放。通过对园郢子隧道沉淀池排放水质监测，pH值、SS、COD符合排放标准。因此隧道施工未对地下水和地表水产生污染。

（3）生活污水水质监测。对全线28处自建生活营地的生活污水监测结果，经处理后的生活污水满足排放要求。

## 5.6 振动监测

施工期的振动主要产生自施工机械作业和重型运输车辆行驶。由于目前国家尚无建筑施工期环境振动标准，因此振动监测结果仅作为参考值。

对施工场地、施工营地、制梁厂、拌合站、施工便道、环境敏感区及居民区的120余个点位进行了振动监测。

由于桩基施工大多数采用旋挖钻和旋转钻，产生的振动较低，特殊地质条件下采用冲击钻，产生的振动稍高。除个别测点测定值超过 80 dB 外，其他测点都低于《城市区域环境振动标准》中的交通干线道路两侧（或工业集中区）的 Z 振级参考标准 75 dB。

## 5.7 大气环境监测

对制梁场、制板场、拌合站、施工便道、站场等施工工点空气中总悬浮颗粒物（TSP）进行了采样，共计监测 500 多个点位。监测结果表明，由于采取了各项行之有效的防尘降尘措施，监测点位大气扬尘合格率为 97%，监测期间共有 15 处空气 TSP 超标，全部提出整改要求并对整改情况进行了复核。

# 6 环境监理工作总结及经验

## 6.1 环境监理工作总结

（1）环境监理可以实现对工程全过程的控制。根据环境监理对施工单位不同施工阶段的监理内容，有针对性提出要求，全过程、全方位管理。从开工准备开始，对施工组织及开工报告就提出明确的环保措施。检查施工单位环保管理体系，人员配备，现场环保作业指导书。在施工过程中对施工行为进行规范，始终坚持上道工序不合格不得进入下道工序。在竣工阶段，督促施工单位进行环境恢复。

（2）环境监理实施可将被动管理变为主动管理。过去的工程建设中，发现环境污染，由当地环保部门来处理。等到环保部门赶到现场，环境污染已经开始蔓延。环境监理发现问题及时要求整改并签发监理工程师通知单，督促施工单位立即整改，并提交整改报告（附相关照片）。同时组织施工单位一起举一反三进行彻查。所有问题要整改闭合，不留隐患。全线共签发有关环保的监理工程师通知单 180 份、不合格项整改记录 96 份，编写 38 期环境监理月报及年报。

（3）环境监理实施可将事后控制变为事前控制。由于环境监理由具有环保专业知识的人员担当，对不同施工工艺、不同工序可能造成的环境污染及应该采取防护措施能够做到预判。提前做好防范，确保措施到位。改变了先污染后治理的旧工作模式。

（4）通过对生态环境的监理，规范了施工单位在风景名胜区段的施工行为，对于跨越敏感水体的施工，杜绝了洗灌废水乱排、车辆油污遗洒的污染行为。对于桩基泥浆处理，路基边坡防护，路基排水，隧道仰坡防护，取弃土场防护，大临工程的恢复中出现的问题提出了整改要求，并得到落实，防止施工对生态环境的破坏。

（5）根据噪声监测结果表明，桩基施工噪声得到控制。在邻近居民区、学校等噪声敏感地带施工时，严格控制了机械作业噪声；夜间对噪声较强的路基机械作业、桥梁钻孔桩施工等作业进行限制，合理安排作业时间，防止扰民。对制梁场场界监测表明所有场界噪声均达标。

（6）通过水环境的监控，对比黄河、长江及阳澄湖等 13 各敏感水体上下游的水质监测数据，表明跨越敏感水体的施工，未污染水环境。通过对制梁场生产废水的监测，指导制梁场对不规范的沉淀池进行改造；全线绝大多数制梁场做到了生产污水处理后回用、生产污水零排放。根据生活营地生活污水的监测，所有生活营地由于设置了沉淀池及排水沟，部分排水沟采用暗沟；有条件的营地将生活污水排入市政管网；生活污水达标排放。

（7）在制梁场、制板场、拌合站、施工便道、站场施工等地设置监测点，对空气中总悬浮颗粒物（TSP）进行了采样，监测结果表明，由于采取了各项行之有效的防尘降尘措施，监测点位大气扬尘合格率为 97%，监测期间共有 15 处空气TSP 超标，全部提出整改要求，经整改后全部合格。

## 6.2　值得借鉴的经验

京沪高速铁路环境监理、监控的实施，使京沪高速铁路建设期未发生重大污染事故。风景名胜区、敏感水体未受到污染，主体工程防护措施到位，临时工程恢复良好，学校、医院、居民集中区未受到噪声及扬尘的污染。京沪高速铁路环境监理工作之所以取得成效，离不开下列因素：

（1）领导重视、体系健全。建设单位重视环境保护、水土保持和生态建设工作，建立机构、制度、责任、监督、奖惩"五位一体"的管理体系。从京沪高铁总指挥部、指挥部到各参建单位，都具有比较强的环保意识和责任感，以建设一流资源节约型、环境友好型高速铁路为目标，配备专门人员，制定全线环保工作方案，分标段明确环保工作的内容、重点和要求，对各项环保措施高标准设计和规范化施工。构建了由京沪公司统一组织、各指挥部分段管理、监理单位日常监理、设计单位技术支持、施工单位具体落实、监控单位定期监测的施工期环保管理组织体系。

（2）强化组织、建立标准化质量管理体系。建设单位从健全规章制度、提高人员素质、现场安全文明施工、过程严格控制等方面入手，建立标准化约束、信息化控制、专业化保障的质量管理体系，成立以总经理为组长的标准化管理领导小组，从公司到各参建单位，形成以建设单位为龙头，各参建单位协调联动的标准化管理体系架构，达到了无缝衔接管理。这种标准化管理体系为环境保护工作取得实效提供了很好的保障。

（3）更新理念、优化设计。在工程设计阶段，将占地面积的控制、耕地资源的保护放在了极为重要的位置，减少用地、集约用地的理念贯穿始终。按照"宜桥则桥、宜路则路"的原则，在有条件、可实施地段采用了桥式方案，正线桥梁占线路总长 80.4%，压缩了桥梁地段的铁路用地范围，宽度由原来的 21 m 减少到 18 m。

优化线路方案，避免高填深挖，坚持移挖作填，采取支挡收坡等措施，减少路基工程占地和填方、挖方以及弃土弃渣数量，减少对地表植被的破坏。合理布局施工临时工程，严格控制施工临时用地。板场利用了铁路或地方的既有场地；沿线大部分制梁场在施工生产中采用了双层存梁的方式；施工便道充分利用已有铁路正式用地或沿线乡村道路。坚持"永临结合、少占耕地、集中设置、紧凑布局"的原则，尽可能减少临时用地的规模和数量。

（4）大胆采用新技术。针对京沪高速铁路桥梁占比在 80% 以上，桩基施工产生的泥浆量较多的特点，建设单位、施工单位积极引进新技术，在桩基施工过程中对产生的废弃泥浆，采用专业泥浆分离机进行处理，使环境得到有效保护。

（5）引进施工期环境监控机制。京沪高铁施工期环境监控工作委托中国铁道科学研究院承担，监控单位对各监理单位统一协调，定期对全线开展环境监测，用监测数据客观评价施工期环保措施执行情况和效果，更具说服力。对于监测不达标的，监控单位分析原因，提出整改意见并监督落实。

（6）建立样板引路机制。在环境监理工作中，推行工点示范，在全线树立了桥梁工程施工、路基防护工程、边坡植物防护、桥下场地绿化、制梁场、混凝土拌合站等临时用地的土地恢复等样板工点，组织观摩、培训和推广，提高环保工作的整体水平，效果良好，此项做法为其他高速铁路环境保护工作提供了有益借鉴。

# 某天然气输气管线项目（陕西段）

## 陕西众晟建设投资管理有限公司

交通运输类项目一般包括铁路运输、公路运输、水路运输、航空运输和管线输送等建设项目，一般都属于大型基础设施工程。交通运输类项目属于生态类建设项目，主要对项目建设区域的地形地貌、水体水系、土壤、植被、动物等生态因子产生影响，从而显著影响周边的生态系统。交通运输类一般呈现线性、点线结合的工程特征，建设周期长、占地面积大，如果环境管理不当，容易造成当地环境污染、生态环境破坏、配套的环保工程缺失等问题，有些项目对生态环境的影响可能无法恢复。

为了有效控制交通运输类建设项目施工阶段的环境影响，真正做到项目建设与环境协调发展，全过程地监控项目建设中的环境问题，开展建设项目环境监理是十分必要的。

根据环境监理实践，本文以输气管线项目为例，讨论交通运输类项目环境监理的准备工作、环境监理实施方案、环境监理实施要点等问题。

## 1 环境监理准备工作

环境监理准备工作是开展项目环境监理的基础，准备工作是否充分将直接影响环境监理的质量。环境监理单位在接受建设单位委托后，应充分收集建设项目的有关资料，详细了解建设项目的基本情况；做好项目拟建地的现场查勘，分析项目拟建地的环境特征和环境保护目标；组建环境监理机构，科学选配环境监理人员和配置环境监理设备。

### 1.1 掌握项目的工程组成和建设内容

#### 1.1.1 充分收集建设项目的有关资料

充分收集建设项目的有关资料是开展建设项目环境监理的基础，通过对建设项目资料的收集、整理和梳理，掌握建设项目的工程组成和建设内容，识别、筛选建设项目施工期的主要环境影响因素，获取环境监理工作的有关信息；作为环境监理工作开展的基础和依据。

环境监理需要收集项目的资料主要包括建设项目的审批文件、工程设计施工文件、环境管理信息三类。

（1）建设项目的审批文件。建设项目的审批文件包括项目的立项文件、环境影响评价报告及批复文件等。对于输气管线类建设项目还应特别关注永久占地、临时用地的土地使用批复，耕地、林地占用补偿协议，穿越自然保护区、风景名胜区、饮用水水源地保护区、文物保护区的主管部门审批文件，穿越主要河流、铁路、公路、水利设施的主管部门批复文件等。

（2）工程设计施工文件。工程设计施工文件包括工程设计图、施工组织设计、环保设施（措施）单项工程施工图、生态保护与恢复措施等。对于输气管线类建设项目还应特别关注环境风险防范应急设施。

（3）环境管理信息。环境管理信息包括项目建设单位、工程设计单位、施工单位、工程监理单位的相关信息。

### 1.1.2 项目组成和建设内容

某天然气输气管线项目（陕西段）的工程组成与建设内容见表1。

表1 项目组成与建设内容

| 名称 | 项目 | | 总数量 | 陕西省境内 |
|---|---|---|---|---|
| 主体工程 | 输气管道 | | 管道长 1 026 km，设计输气量 $150 \times 10^8$ m$^3$/a，设计压力为 10 MPa，管径输气管道 D1016，L485（X70）钢级 | 长度 175 km；设计压力为 10 MPa，管径 D1016，X70 钢管 |
| | 站场 | 首站 | 1 座 | 首站位于陕西省 YL 市 MJ 镇 CHZ 村 |
| | | 压气站 | 3 座 | — |
| | | 分输站 | 3 座 | — |
| 配套工程 | 截断阀室 | | 38 座，其中：新建 RTU 阀室 7 座，新建普通阀室 13 座，与 SJE 线合建 RTU 阀室 18 座 | 陕西境内新建 RTU 阀室 2 座；普通阀室 4 座 |
| | 防腐 | | 外防腐层 786.414 km，管道内涂层 2 312 160 m$^2$ | 采用外防腐层、管道减阻内涂层及强制电流阴极保护的保护方案 |

| 名称 | 项目 | | 总数量 | 陕西省境内 |
|------|------|------|--------|------------|
| 配套工程 | 阴极保护站/管道三桩 | | 840 个线路阴极保护站 8 座；区域性阴极保护站 7 座；电流测试桩 110 个，电位测试桩 680 个，智能型测试桩 50 个 | 线路阴极保护站 3 座；区域性阴极保护站 7 座；电流测试桩 110 个，电位测试桩 680 个，智能型测试桩 50 个 |
| | 放空系统 | | 4 座 | YL 首站 1 座,设置电点火系统、放空立管 |
| | 自动控制、通信 | | 1 套/412 km，自动化系统采用 SCADA 系统。输气管道同沟直埋敷设 12 芯铠装光缆；卫星通信终端站（LX 压气站） | |
| | 外部供电线路 | | 152 km | YL 首站由 SJE 线 YL 压气站 10kV 供电系统提供电源，同时在站内设自备电源 |
| | 变电所 | | 3 座 | |
| | TEG 发电装置 550W | | 9 套 | |
| | 供暖 | | 5 套 | YL 首站依托原锅炉房燃气热水锅炉，对室外部分热网进行改造 |
| | 污水处理 | | 7 套 | 地埋式污水处理系统 1 套 |
| | 绿化 | | 21 339 m² 站场 | 首站 3 124 m² |
| 穿跨越工程 | 隧道工程 | 山体隧道 | 11.25 km/11 座 | — |
| | | H 河隧道 | 820 m/1 处 | — |
| | 渣场 | 隧道弃渣 | 18 座 | |
| | 大型穿越河流 | | 11 723 m/24 条/37 处 | J 河定向钻穿越，520 m/1 处 |
| | 中型河流穿越 | | 22 处 | 围堰施工开挖穿越 CJ 河、LF 河、YS 河，179 m/3 处 |
| | 河流沟渠小型穿越 | | 358 处 | 大开挖穿越 67 处 |
| | 穿越大型冲沟 | | 1 处 | 1 处 |
| | 穿越中型冲沟 | | 12 处 | 6 处 |
| | 穿越铁路 | | 11 处 | 陕西省 4 处（顶管 1 处） |
| | 穿越公路 | | 695 处，高速公路 11 处，其他等级公路 94 处，非等级公路 590 处 | 高速公路穿越 3 次，国道、省道公路穿越 20 次，一般公路穿越 43 次 |
| | 穿越古长城 | | 1 处 | 1 处 |

| 名称 | 项目 | 总数量 | 陕西省境内 |
|---|---|---|---|
| 附属工程 | 固沙草方格 | $226.4×10^4$ m$^2$ | $8×10^4$ m$^2$ |
| | 高陡嵲岘处理 | 27 处 | 11 处 |
| | 高陡边坡 | 18 处 | — |
| | 草袋 | 86.53 万条 | 25 万条 |
| | 土工格室 | $20.87×10^4$ m$^2$ | $3.25×10^4$ m$^2$ |
| | 鱼鳞坑 | 18.13 万个 | 8.5 万个 |
| | 临时施工便桥 | 644 座 | 36 座 |
| | 浆砌石构筑物 | $49.59×10^4$ m$^3$ | $2.63×10^4$ m$^3$ |
| | 新建施工道路 | 41 km | 12 km |
| | 整修、扩建道路 | 180.5 km | — |
| | 线路标志桩 | 4 119 个 | 689 个 |
| 占地 | 建筑面积 | 23 379 m$^2$ | 3 768 m$^2$ |
| | 抢修中心 | 1 处（扩建） | — |
| | 站场永久占地 | 24.5 hm$^2$ | 4.02 hm$^2$ |
| | 管道临时占地 | 1 933.2 hm$^2$ | 281.25 hm$^2$ |
| | 定员 | 50 人 | 新增 9 人 |

## 1.2 认识建设项目拟建地周围的环境特征

充分认识建设项目拟建地周围的环境特征是确定环境监理目标的基础，交通运输类项目的特点是距离长，沿线环境敏感点多。通常应通过收集资料、现场踏勘、分析研究，认识建设项目拟建地周围的环境特征，核对沿线的环境敏感点，为下一步开展现场环境监理打好基础。

（1）通过对建设项目沿线实地调查，了解项目沿线的自然环境、社会环境、生态环境及环境功能区划等情况。

（2）确定建设项目沿线涉及以下环境敏感区的环境保护目标，并调查环境保护目标与建设区的相对位置和距离，并按施工工段分解、标示。

交通运输类项目需要重点关注的环境保护目标主要有：

1）自然保护区、风景名胜区、世界文化和自然遗产地、饮用水水源保护区；

2）基本农田保护区、基本草原、森林公园、地质公园、重要湿地、天然林、珍稀濒危野生动植物天然集中分布区、重要水生生物的自然产卵场及索饵场、越冬场和洄游通道、天然渔场、资源型缺水地区、水土流失重点防治区、沙化土地封禁保护区、封闭及半封闭海域、富营养化水域；

3）以居住、医疗卫生、文化教育、科研、行政办公等为主要功能的区域，文物保护单位，具有特殊历史、文化、科学、民族意义的保护地。

（3）根据项目施工期的环境污染、生态环境影响特征和项目拟建地周围的环境特点，识别、筛选建设项目的主要环境影响因素。

## 1.3 合理配置环境监理人员与设备

环境监理机构是开展建设项目环境监理工作的主体，合理配置环境监理人员与设备对保证环境监理工作的质量和效果尤为关键。因此，应根据实际情况组建环境监理组织机构，配备必要的环境监理设备。

环境监理单位应对现场环境监理机构提供充分的技术支持，在技术（专家）支持系统的指导下做好环境监理准备工作。

（1）组建环境监理机构，配备现场监理人员。根据交通运输类项目的需要，组建环境监理机构。环境监理人员专业、数量应满足需要，因为这类项目的距离长，环境监理人员的数量通常高于其他生态类项目。

从事环境监理工作的人员，应具有一定的环境保护和工程技术方面的专业技术能力，能够对工程建设进行环境监督管理，提出合理的意见；同时要有一定的组织协调能力，能够协助工程建设各方共同完成建设过程的环保任务。环境监理人员应该具备环保、工程、管理三方面的知识，以及适应工作要求的业务素质和能力。

环境监理人员应具备必要的知识结构和丰富的实践经验，通过专业环境监理业务培训，取得相应的培训合格证书或执业资格证书；应具有强烈的环保意识和社会责任感，具有良好的职业道德和身体素质。环境监理人员应满足以下要求：

1）掌握有关环境保护专业知识。环境监理人员必须熟悉环保法律、法规及相关规定，以及工程建设项目环境污染和生态保护的特点，掌握必要的环保专业知识；应当能对施工活动的环境影响、环保措施实施效果、环境监测成果进行准确的分析和判断。

2）具备工程专业技术知识。环境监理人员必须具备相应的工程设计与施工专业技术知识。能够阅读工程设计文件、施工组织设计文件，熟悉各种施工方法、工艺流程的特点及其对环境的影响，熟悉各种施工机械、设备作业的特点及其对环境的影响。

3）具有一定的管理能力。环境监理工作是一项专业技术很强的事业，同时也是一项要求有较高管理水平的工作。需要环境监理人员协调建设单位、施工单位及施工过程中产生的环境问题所涉及的周边所有相关社会方不同的利害关系，能充分运用法律、法规和有关合同条款，正确处理环境监理过程中出现的问题。因此，环境监理人员需要有一定的管理工作经验和必要的组织、协调能力。

（2）结合项目实际，配备必要的环境监理设备。环境监理应有现场办公、住宿场所，并配置相应的办公设备、环境监理器材。对于交通运输类项目，还应配置具备越野功能的交通工具和适宜的通信工具等。

环境监理交通车辆　　　　　　　　　　　　设备仪器

（3）制定环境监理进场计划。根据项目的特点，科学制定环境监理进场计划，进场计划应与工作内容和施工阶段相一致。

某天然气输气管线项目（陕西段）环境监理人员进场计划见图1。

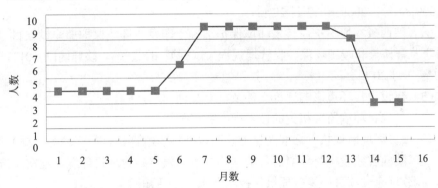

图1　某天然气输气管线项目（陕西段）环境监理人员进场计划

# 2　环境监理实施方案

环境监理实施方案是环境监理工程师全面开展环境监理工作的指导性文件。环境监理单位在接受项目建设单位业务委托后，应根据环境监理委托合同，结合工程的实际情况，在充分的准备工作的基础上，制订施工期环境监理实施方案。

环境监理实施方案应包括环境监理依据、环境监理的范围与时段、环境监理目标与程序、环境监理主要工作内容与方法等内容。

## 2.1 环境监理依据

环境监理依据一般应包括：

（1）环境监理项目委托文件及监理合同。

（2）与项目环境监理相关的环境保护法律、法规、政策。

1）《中华人民共和国环境保护法》《陕西省实施〈中华人民共和国环境影响评价法〉办法》等有关法律法规；

2）《陕西省环境保护局 陕西省建设厅关于进一步加强建设项目环境监理工作的通知》，陕环发[2008]14 号，2008 年 3 月 6 日；

3）《陕西省环境保护厅环保产业管理中心关于加强建设项目环境监理管理工作的通知》，陕环产发[2008]3 号，2008 年 7 月 8 日；

4）《关于印发〈环境保护部建设项目"三同时"监督检查和竣工环保验收管理规程（试行）〉的通知》，环境保护部，环发[2009]150 号，2009 年 12 月 18 日；

5）《陕西省环境保护厅关于加强建设项目试生产核查管理工作的通知》，陕环发[2009]84 号，2009 年 12 月 29 日；

6）《陕西省环境保护厅转发环境保护部关于印发〈环境保护部建设项目"三同时"监督检查和竣工环保验收管理规程（试行）〉的通知》，陕环函[2010]73 号，2010 年 2 月 20 日。

（3）建设项目环境影响评价文件及批复文件。

（4）与项目环境监理相关的技术标准和规范。

1）项目环境监理执行标准（目前陕西以环境影响评价执行标准为依据）；

2）《陕西省建设项目环境监督管理站关于印发〈建设项目环境监理实施方案技术要求〉〈建设项目环境监理报告技术要求〉的通知》。

（5）工程设计文件、施工组织及相关技术资料。

1）项目设计说明资料及相关图纸；

2）项目施工单位施工组织设计资料；

3）项目工程监理相关审核验收资料。

（6）其他依据。

## 2.2 环境监理的范围与时段

### 2.2.1 环境监理范围

根据项目的建设内容，结合施工期的环境保护目标和环境影响情况，环境监理范围一般可按下列原则确定：

（1）线状工程。一般地区线路两侧边界外不小于 50 m，项目涉及自然保护区、风景名胜区、水源保护区和文物保护区等特殊保护目标时，应在此基础上增加 300 m。

（2）片状工程。

1）库、站和阀室边界外 300 m 范围。

2）建设施工场地（包括施工营地、材料场、预制场、临时码头、加工场、组装场、环保设施等）边界外 100 m 范围；涉及自然保护区、饮用水水源保护区、风景名胜区、文物保护单位时，应在此基础上增加 200 m。

3）取、弃土（石、砂、渣）场和散状物料堆场边界外 200 m 范围；涉及自然保护区、饮用水水源保护区、风景名胜区、文物保护单位时，应扩大至边界外 500 m。

（3）环保搬迁：集中安置地周围 200 m 范围。在收集建设项目相关资料的基础上，环境监理单位应完成建设项目总平面布置图，标示各场站、阀站、施工区、施工营地、加工场、材料场、取弃土场等位置。

确定环境监理范围后，应绘制环境监理范围图，标示主要环境保护目标、周边环境敏感点、施工期主要临时工程等。

### 2.2.2 环境监理时段

环境监理时段一般为项目动工至项目通过环保部门试生产检查，具体由项目建设单位与环境监理单位在合同中约定。

## 2.3 环境监理目标与工作程序

### 2.3.1 环境监理目标

根据环境影响评价报告及批复文件的要求，结合项目建设区域的环境特征和施工期环境污染、生态破坏的特点，制定环境监理目标，应包括：

（1）施工期污染源控制目标；

（2）环保设施建设目标；

（3）环保投资目标；

（4）环境敏感点保护目标。

### 2.3.2 环境监理工作程序

环境监理典型工作程序见图2。包括以下内容：

（1）签订环境监理委托书（合同）；

（2）组建环境监理机构；

（3）项目拟建地现场踏勘；

（4）编制环境监理实施方案；

（5）现场开展环境监理；

（6）编写环境监理报告；

（7）移交环境监理成果资料。

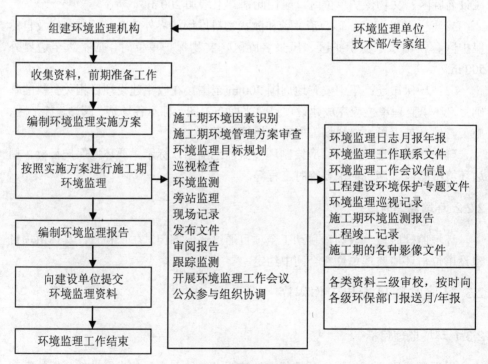

图2　环境监理工作程序

## 2.4 环境监理主要工作内容与方法

### 2.4.1 工程设计文件核查

（1）核查项目的工程设计文件，说明比对项目的建设地点与内容、建设规模与产品方案、生产工艺是否发生变化，并说明、跟踪处置方式及结果；说明项目环评文件及审批文件中要求的环保措施的落实情况，并提出建议，说明处置方式。

（2）核查工程施工组织设计文件，细化施工期采取的环保措施。

### 2.4.2 环境监理方法

根据环境监理内容和要点，按照施工进度和分项工程确定环境监理方法。

（1）资料查阅——通过查阅工程相关资料，确认环境影响评价报告及批复文件中提出的环保要求在工程设计和建设过程中的落实情况；

（2）巡视检查——通过对施工现场的巡视检查，确认环境影响评价报告及批复文件中提出的环保要求在工程建设过程中的落实情况；

（3）旁站监理——通过对重要部位的连续见证、检查，确认环境影响评价报告及批复文件中提出的环保要求在工程建设过程中的落实情况；

（4）现场记录——记录环境监理现场，包括文字、影像等；

（5）发布文件指令——通过发布文件指令，对项目建设过程中出现的环保问题给出环境监理意见；

（6）环境监理专题会议——通过召开环境监理专题会议，解决项目建设过程中出现的环保问题。

现场巡视

根据现场巡视情况定期召开环境监理专项会议

### 2.4.3 环境监理阶段报告

根据项目的建设周期和分项情况，由建设单位向省市县三级环保部门报送环境监理月报、年报、环境监理专题报告和环境监理报告的编制计划等。

### 2.4.4 环保投诉的处置

施工期一旦发生与项目有关的环保投诉，环境监理应第一时间调查清楚原因，及时向地方环保主管部门汇报，并协助环保主管部门与建设单位、施工单位一起将环境影响降到最低。

### 2.4.5 环境监理监测计划

根据环境监理工作需要，确定环境监理监测方案；环境监理监测方案应包括环境监测因子、监测点位（断面）、时间、频次、监测方法等。

施工场地周围噪声监测　　　　　　　　工程附近村庄噪声监测

### 2.4.6 环境保护宣传

项目施工期应采取各种形式的宣传活动，将环保工作渗透到各个环节。

管线施工作业带内环保宣传　　　　　　　　场站施工区域内宣传牌

### 2.4.7 公众意见调查

　　了解环境监理范围内居民、单位和当地环境保护行政主管部门对项目施工期环境保护工作意见，核查项目建设单位对环境影响评价中公众参与意见承诺落实情况。

了解项目建设地周围居民的意见　　　　　　　走访项目所属地环保部门

## 3 环境监理实施要点

　　环境监理实施要点包括施工期环境污染控制、生态保护与修复过程监理以及环保设施建设环境监理。

## 3.1 施工期环境污染控制、生态保护与修复过程监理

　　施工期环境污染控制、生态保护与修复监理包括施工期环境污染控制、生态

环境保护与修复和敏感生态保护目标的保护。

### 3.1.1 水环境影响控制

交通运输类项目在施工期中产生的污水主要包括各类施工废水（液）和生活污水。

（1）环境监理要点。

1）桥涵施工、管线对河流的穿越施工应采取保护周围水环境的施工方式，如围堰施工、定向钻等，钻机桩泥浆水不排入水体。

2）施工过程中的施工废水应尽量重复利用和综合利用，不得随意倾倒入水体中，废水应处理后达标排放。

3）桥梁施工中，桥梁施工机械、船只应严格检查，避免油料泄漏，避免废油、施工垃圾随意抛入水体，严禁在河床附近冲洗机械设备，慎重选择油品存放地点，并在存放地点设置围挡防护设施。

4）排水设施应考虑临时排水与永久排水相结合，确保施工废水（隧洞涌水、雨水等）得到合理处置。

5）施工场地的生活污水应做到集中收集处理、合理处置。

（2）管线施工期水环境保护措施。

1）管线施工一般根据作业范围就近选择地点设立项目部，各施工单位的人员根据作业区段就近选择住宿地点，住在附近乡镇招待所或者选择周围民房住宿，现场只留少量人员看管施工机械和建筑材料，施工现场不设食宿设施。管线工程施工一般现场设置旱厕。因 WRT 沟下游 3 km 为 YS 县城水源保护区域，上游施工应在现场设置移动式厕所。

2）施工时产生的泥浆水应进入临时沉砂池，含泥沙雨水、泥浆水经沉淀后全部回用到生产中，不外排。

3）管道施工应尽量保证穿越地区原有的排水沟或路边沟畅通，如施工过程影响原排水系统，须尽快采取合理的方式恢复。

4）河道施工时所产生的废油等严禁倾倒或抛入水体，不在河边清洗施工器具、机械等。加强施工机械维护，防止施工机械漏油。

5）河流穿越、桥梁施工的作业时间均选在枯水期，在施工作业时，采取围堰导流方式施工，管道敷设打压试验后，用混凝土及时覆盖稳管，减少对穿越河流的影响。

6）管道敷设及河道穿越作业过程中产生的废弃土石方应在指定地点堆放，就近选择利用，弃石弃土用于修筑两岸及河道附近的水工设施，严禁弃入河道或河滩中。

7）管道试压水分段重复利用，中间设临时储存池，试压结束后达标排放。

8）管线工程探伤检测胶片洗片产生的废液交由 HY 回收公司回收处置。

首站施工人员租住在周围居民家里

施工现场移动式厕所

围堰导流施工

施工现场临时用水设施

管道试压水的排放

公路穿越施工结束及时清理受影响排水渠

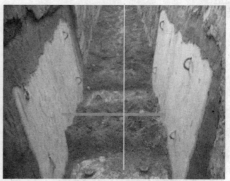

管道通过一处民用地下排水沟（封堵后重新为居民修筑新的排水系统）

### 3.1.2 大气环境影响控制

交通运输类项目施工期中产生的废气包括施工机械排放的尾气、施工扬尘（土方的开挖、堆放、回填，施工建筑材料的装卸、运输、堆放以及施工车辆运输产生的扬尘）、喷砂除锈产生的粉尘、沥青烟气以及灰土拌合扬尘等。

（1）环境监理要点。

1）应选择保养良好的施工机械和运输工具，督促施工单位加强对施工机械设备的维护。

2）施工中土方、水泥、石材等物料堆放场地和临时储存场地应采取防风遮挡措施，对施工场地和施工道路应适时洒水，减少扬尘。

3）沥青及灰土拌合站的选址，应尽量避开环境敏感目标，并保证有足够的距离。

4）灰土拌合站在地面风速大于 4 级时尽量停止施工作业，同时石灰等散体类材料装卸必须采取降尘措施。

（2）大气环境影响控制措施。

1）对施工场地内和施工道路经常洒水防尘。

2）运输车辆进出施工场地附近缓速行驶，并以篷布遮盖；施工现场建筑材料堆放整齐，避免扬尘产生。

3）严格控制施工区域范围，合理布置不同施工作业区域，喷砂除锈施工须设置单独封闭式场所作业。

4）位于环境敏感点附近的施工区域应增设围挡措施。

5）加强对施工机械养护，保证污染物达标排放。

现场材料堆放

不同作业段分布在不同区域

场站除锈喷砂单独设施工棚

施工场地限速标志

场站施工道路洒水

### 3.1.3 声环境影响控制

交通运输类项目施工期主要噪声污染源包括交通运输噪声和施工机械噪声。

（1）环境监理要点。

1）声源强大的施工作业应禁止夜间（22：00—06：00）施工，加强对机械设备的维护、保养，降低噪声。

2）合理选择运输车辆的路线，施工便道周围有居民集中居住时，运输车辆应限速和禁鸣。

3）拌合站选址应与噪声敏感建筑物（学校、医院、疗养院、居民区等）保持一定距离。

（2）案例管线施工期采取的声环境影响控制措施。

1）合理安排施工时间，场站工地夜间不进行高噪声施工作业，管道夜间禁止施工。

2）选用低噪声机械设备或带隔声、消声的设备，同时做好施工机械的维护和保养，降低机械设备运转时噪声源强。

3）运输车辆进入工地减速，减少鸣笛等。

4）严格控制施工区域范围，合理布置不同施工作业区域。

5）全线作业带通过地区，加强与周边受影响村民的沟通。

### 3.1.4 固体废物污染控制

交通运输类项目在施工期间产生的固体废弃物包括废弃建筑垃圾、施工人员的生活垃圾以及危险废物等。

（1）环境监理要点。

1）施工产生的弃土弃渣（包括定向钻施工产生的废弃泥浆）须按照建设项目环境影响评价报告及批复文件的要求进行堆放和处置。

2）项目施工环节产生废弃物，应集中收集，带出施工区域妥善处置。

3）项目施工过程中会产生各种危险固废，如工程实验室的一些废弃物、施工过程中机械维护用过的沾油棉纱、沥青拌合站的烟底灰、废弃的电池日光灯等，应在专门收集后交由具备资质的相关单位进行处置。

（2）管线施工期固废主要处置措施。

1）管道施工置换出来的土石方用于置换田埂土后平洒在施工带上，农田地段将弃土用于修复田埂，或者用于修缮沟渠和田间机耕道等；在管道爬坡区段，选择洼地堆放；河流穿越地段用于维修两侧河堤，或者用于河流两侧山坡的水工保护等，尽量恢复地表原貌。

2）定向钻穿越施工作业所用的泥浆重复利用，施工结束后废泥浆就地自然干化后覆土掩埋恢复种植；废钻屑用于平整场地。

3）施工过程产生的废弃物随时清理回收，沿线管道施工作业中的焊条头、废砂轮片、废钢丝绳和玻璃片等应每天进行回收，统一送回驻地集中处理。

4）施工中使用的油漆、化学溶剂及有毒有害物品，选择合理的位置存放，由专人保管。

5）场站施工现场建筑垃圾与生活垃圾分类堆放、分别处置。

施工结束场地及时清理

### 3.1.5　生态环境保护与修复

交通运输类项目对生态环境的影响很大，主要包括所在区域内的土壤、植物、动物、地貌以及土地利用、农业生态等，也可能造成次生地质灾害。对生态环境影响呈带状、线形展布，因此应结合具体环境特点（包括环境脆弱因素和敏感要素），按区段确定环境监理要点。

（1）环境监理要点。

1）严格控制施工区域，确保施工作业在用地范围内进行，将影响范围尽量缩小。

2）土石方施工尽量避开雨季，雨季施工应及时做好截排水设施的建设。

3）河流的穿越、桥梁施工尽量在枯水期进行。

4）施工期间挖出的地表土不得随意堆放，应倒运至指定地点单独堆放，必要时应对表层土采取围挡防护和排水措施；应考虑分层开挖，分层堆放，分层回填。

5）弃土弃渣必须在指定地点堆放，设置挡渣及排水工程，以减少水土流失。

6）施工过程应特别注意保护当地生态环境，禁止破坏施工场地以外的植被，禁止捕杀施工区域及周围的野生动物，特别落实好珍稀物种的保护工作。

7）环境监理人员应加强巡线，督促施工单位及时完成地表恢复工作，雨季应与工程水保监理相互协作，督促施工单位及时采取相应措施避免因雨水冲刷造成的各类水土流失现象。

（2）输气管线采取的生态保护及修复措施。

1）严格控制施工作业范围，禁止超占、多占地，施工机具必须在作业范围内和施工便道内行走；穿越公路采取半侧开挖法，避免对交通造成影响。

2）合理规划施工时间，控制施工进度，减少临时占地扰动时间。

3）大规模土方施工尽量避开雨季（7—9月），汛期施工用防雨布覆盖挖方土和耕作土层。

4）管道敷设时，管沟分层开挖，分层堆放。

5）施工完毕后及时回填，平整现场，地貌恢复时根据不同的地形地貌情况，采用不同的工程措施来控制水土流失。

6）管线施工结束后，将置换出土方平铺在管沟上方压实，个别区段有少量弃渣，就近填坑压实并覆土绿化。

7）管道开挖部分和大部分施工便道将恢复原来的用地性质，小部分的施工便道作为农村道路保留。

8）根据永久性占地和施工过程中的临时占地带来的影响，建设单位应对受影响居民和单位实施补偿。

施工现场设隔离标志控制施工区域

管线穿越 YL 村地表恢复情况

QYC036桩号附近施工结束及时用草袋素土恢复原堡坎

GJ河穿越过程施工便道留给地方使用　　YS河穿越过程施工便道留给地方使用

加强巡线排查，及时采取相应措施补救

### 3.1.6 敏感生态保护目标的保护

交通运输类项目是线性工程，选线应尽量避让自然保护区、风景名胜区、文物古迹、饮用水水源保护区、水厂取水口等。

（1）环境监理要点。

1）核查工程设计文件，项目主体工程、附属设施、临时设施（施工营地、取弃土场、料场、拌合站、预制场等）禁止设在环境敏感区；如在其中，须提出调整方案要求。明确项目建设位置是否与环境影响评价报告及批复文件一致。

2）在环境敏感区施工应严格控制施工作业带。

3）自然保护区内施工应落实保护野生动植物和古树名木保护措施。

（2）案例管线穿越环境敏感保护区采取的措施。

1）穿越自然保护区。施工单位编制、报审《穿越自然保护区专项环境保护方案》，并按照该方案组织施工。施工中主要采取了如下环境保护措施：

a. 保护区穿越开工前，建设单位向 XY 市林业主管部门办理相关手续，取得了施工许可。施工范围内的林木砍伐，通过办理相关手续，由当地林业管理部门实施。

b. 限制施工活动范围，以红线作为标志，避免施工人员进入到保护区内。现场实测，保护区作业带宽为 20m 左右。

c. 施工单位负责人对相关施工人员宣传野生动植物保护的法律法规与政策，规范施工人员行为。

d. 管线焊接采取沟下焊接，管口加热在沟下进行，防止火灾事故发生。

e. 林区段施工严禁人员吸烟，配备灭火器。

f. 对于施工固体废物和生活垃圾，集中回收，施工完成后，全部拉出保护区，运至当地政府指定垃圾处理场。

g. 施工结束后及时完成植被恢复工作，管道中心线 5 m 外种植刺槐，株行距 3 m。管道中心线 5 m 范围内种植荠荠草、黑麦草、披碱草，45 kg/hm$^2$。

2）穿越文物保护区。开工前建设单位与当地政府事先进行沟通，在获得地方政府批复文件后开始穿越施工；制定施工期文物保护规章制度及施工管理计划；控制施工区域，杜绝超越保护范围施工的现象。未有使用城墙材料作为回填土或施工材料的现象。

施工作业带地貌恢复情况

## 3.2 环境保护设施建设环境监理

### 3.2.1 污水处理设施

交通运输类项目污水处理设施主要指项目运营人员工作生活范围（服务区、收费站、场站、生活区等）的生活污水处理构筑物；停车场、场站、储油站及可能产生含油污水的调度站等设立的含油污水收集装置或处理设施。

（1）环境监理要点。各类水污染防治设施的建设规模、处理工艺与处理效率、污水处理后的去向应满足建设项目环境影响评价报告及批复文件的要求。对输油场站的各类含油废水（包括清罐废水和消防废水）的处理设施应重点关注。

（2）管线水污染防治的环境监理。

1）站内的生活污水经化粪池处理后排入站内地埋式生活污水一体化处理设施（处理规模为 $1\ m^3/h$，生物接触氧化法工艺）进行处理。处理达标后的水用于场站绿化，多余部分用于周边农灌。

2）站内设 1 台设计压力为 1.6 MPa 的卧式排污罐，用于收集站内过滤设备以及接收清管器过程中排出的粉尘和残液，正常情况下排污罐敞口，排污时密闭，排污罐配有排污泵，也利用排污罐内压力及排污泵将污物排入收集车。排污罐容积为 $20\ m^3$。

3）站内雨水、事故发生后产生的消防废水通过雨水管线收集后排入站外 $7\ 200\ m^3$ 雨水蒸发池。

清管收球产生废水经管道进排污罐

分离器产生的废液经管道进排污罐

20 m³ 排污罐

站内地埋式一体化污水处理装置

站内雨水渠

站外雨水蒸发池（7 200 m³）

### 3.2.2 废气处理设施

交通运输类项目的废气处理设施主要是场站服务区生活区内锅炉的除尘设施、输气场站内的放空装置和隧道内的通风设施等。

（1）环境监理要点。废气净化和除尘装置的处理能力和总效率必须满足建设项目环境影响评价报告及批复文件的要求；输气场站的放空装置一般应单独设置，通常位于场站最小频率风向的上风侧，放空立管高度、火炬与场站净距应满足要求，设节流截止放空阀；锅炉烟气除尘设施的除尘效率和烟囱高度应满足要求；隧道风机选型符合设计通风量计算和相应的标准。

（2）管线大气污染防治的环境监理。

1）放空系统——清管收球作业、分离器检修以及站内系统超压放空天然气通过 DN400 的立式带拉绳结构放空火炬燃烧排放，火炬高度 30 m，设就地控制柜和远程控制柜，可实现就地和远程控制。放空管线采用球阀和旋塞阀的双阀设计，放空管线上安装阻火器。

2）锅炉废气——采用热水集中采暖，不允许存在水渗漏隐患的房间采用电采暖。项目采用燃气锅炉供热同时提供现场人员生活所需热水，环境监理工作期间锅炉排气筒尚未安装，环境监理提醒现场施工人员锅炉排气筒高度应不低于 8 m。

场外 30 m 防空火炬

放空火炬场外点火控制系统

石油气体管道阻火器　　　　　　　　燃气热水锅炉

### 3.2.3 噪声污染控制设施

交通运输类项目的主要噪声控制措施包括声屏障、种植绿化林带和隔声窗等，噪声源控制措施包括压气站的空压机消声器和阀室外的放空消声器。

（1）环境监理要点。各类降噪措施的形式、数量、规格应满足环境影响评价报告及批复文件的要求，消声器降噪能力及声屏障的位置、厚度、高度要符合要求，外观应考虑平整美观。环境监理应针对交通运输项目实际建设情况重点核实声屏障的设置位置和数量，并督促建设单位及时设计施工，确保"三同时"要求的落实。

（2）管线降噪措施的环境监理。

1）站场设备选型选择低噪声设备。

2）各类机泵置于室内设隔声罩。

3）设计时，对平面布置进行适当调整，生产区和办公区分开设置。

消防水泵置于室内　　　　　　　　　泵结合处使用柔性接头

### 3.2.4 固体废弃物处理与处置

交通运输类项目施工期产生的固体废弃物主要是施工人员的生活垃圾、管线类项目定期会产生清管废渣和油罐罐底清理废渣（清管及油罐罐底废渣属危险废物）。

（1）环境监理要点。对生活垃圾应设置垃圾桶、垃圾台等，集中收集后运至当地垃圾卫生填埋场。输油场站站内通常设污油罐暂存废气油品，清管废渣通常在站内有排污池和排污罐，加盖或者封闭，定期交由有资质的单位处置。环境监理应告知建设单位（或运营单位）危险废物的产生及处置情况及时到环保主管部门备案。

（2）管线固废处置措施的环境监理。

1）生活垃圾场站垃圾集中收集后，送往当地垃圾填埋场。

2）过滤分离器、清管收球装置上装有排污阀，通过排污管道将收集的粉尘和残液集中排到排污池，排污池定期清理。排污池容积为 10 $m^3$。清管废渣、机修油污等危险废物的产生和处置措施已备案。

垃圾桶

### 3.2.5 生态环境保护与修复

交通运输类项目对环境的污染和破坏主要是土壤、植被、野生动植物生存环境的破坏。生态保护与修复措施包括建造拦渣工程、路基边坡防护工程等措施和绿化措施。

（1）环境监理要点。项目应做好全线各类拦挡和防护工程，防止水土流失；弃渣场的位置选择要合理，少占耕地，设立拦渣坝及截排水设施；沿线受到扰动区域必要时应采取工程措施和植物措施以加强防护；地表和植被恢复工作应充分利用开挖单独存放的表层土；绿化植物及移植的珍贵树种应保证成活率。

（2）管线生态环境保护与修复的环境监理。管线沿线地貌类型较多，局部地段灾害地质较发育，根据管线所经不同地段的情况，设计、施工均选择相应的敷设方法，施工结束及时恢复地貌，并对管道影响到的地质脆弱区域采取相应的保护和加强措施，以确保管道的稳定与安全。

环境监理重点关注沿线管道的敷设方式及施工后的恢复措施及地貌恢复情况。查看管道沿线的各类重要穿越。分类归纳，整理如下：

项目管线施工采取的主要敷设方式见表2。

**表2　本项目管线主要敷设方式**

| 穿越对象 | 敷设方式 | 情况说明 |
|---|---|---|
| 一般地带 | 沟埋 | 以沟埋方式敷设为主；<br>管道敷设顺序为：测量定线—清除障碍物—平整施工作业带—修施工便道—钢管防腐绝缘—防腐钢管运输—布管、组装焊接—无损探伤—补口及防腐检漏—管沟开挖—钢管下沟—管道焊接—分段试压—站间连接—阴极保护—管沟回填等；<br>管顶覆土并以细土铺垫回填，恢复原貌 |
| 冲沟 | 斜井穿越 | 深切黄土大冲沟，采用挖竖、斜井方式通过；<br>在冲沟头底部设置护脚；管道通过冲沟两侧的沟壁进行浆砌石护岸处理。对于较大型河谷，在管道下游侧设浆砌石防冲坝 |
| | 开挖穿越 | 管沟开挖采用机械开挖，特殊地段采用以机械开挖为主、人工为辅的方式开挖管沟，管线下方采用编织袋垫起；<br>管沟内回填细土进行分层碾压密实，砌筑水工保护在此基础上，根据情况采用植被恢复，或者混凝土片石护坡等措施 |
| 河流 | 开挖 | 大开挖穿越河流的施工作业时间均选在枯水期进行。施工开挖导流渠，筑坝截流，围堰排水，坝内作业带清理、管沟开挖。用混凝土覆盖或者编织袋装细土进行稳管，回填合格拆除围堰和截水坝，疏通河道，恢复河床保障河流畅通。做好护岸及相关水工设施 |
| | 定向钻 | 先用定向钻机钻一导向孔，当钻头在对岸出土后，撤回钻杆，并在出土端连接一个根据穿越管径而定的扩孔器和穿越管段。在扩孔器转动（配以高压泥浆冲切）进行扩孔的同时，钻台上的活动卡盘向上移动，拉动扩孔器和管段前进，使管段敷设在扩大了的孔中定向钻穿越可常年施工，不受季节限制（J河穿越采用此法） |

| 穿越对象 | 敷设方式 | 情况说明 |
|---|---|---|
| 水渠 | 顶管穿越 | 在场地较开阔的一侧挖发送管沟，保证将预制完毕的干线管段下沟，在另一侧利用吊车或吊管机以及卷扬机等牵引机械进行管道的穿越作业。在管端安装带滚轮的托板辅助发送，用以保护主管道防腐层。<br>穿越施工结束后，进行作业坑回填，回填时应将发送坑和接收坑内穿越管道下部的回填土仔细回填并夯实，从而控制管道的下沉。靠近水渠侧回填土并夯实，恢复边沟等道路原有设施恢复地貌。按设计要求埋设标志桩。全面清理施工现场 |
| 公路 | 顶管穿越 | 在场地较开阔的一侧挖发送管沟，保证将预制完毕的干线管段下沟，在另一侧利用吊车或吊管机以及卷扬机等牵引机械进行管道的穿越作业。在管端安装带滚轮的托板辅助发送，用以保护主管道防腐层。<br>穿越施工结束后，进行作业坑回填，回填时应将发送坑和接收坑内穿越管道下部的回填土仔细回填并夯实，从而控制管道的下沉。靠近公路侧回填土并夯实，恢复边沟等道路原有设施恢复地貌。按设计要求埋设标志桩。全面清理施工现场 |
| | 开挖穿越 | 先将穿越管段预制，经检测、防腐合格后，选择晚上车辆较少时段开挖穿越，并及时恢复路面，以保证车辆通行。<br>管沟内回填细土进行分层碾压密实，铺设钢筋混凝土盖板 |
| 铁路 | 箱涵跨越 | 铁路施工跨越本项目管线设箱涵保护，回填细土进行分层碾压密实，铺设钢筋混凝土盖板 |
| | 顶管穿越 | 在地下工作坑内，借助顶进设备的顶力将混凝土套管逐渐顶入土中，并将阻挡管道向前顶进的土壤，从管内用人工或机械挖出。将天然气管线送入套管完成穿越工程。<br>穿越施工结束后，进行作业坑回填，回填时应将发送坑和接收坑内穿越管道下部的回填土仔细回填并夯实，从而控制管道的下沉。靠近铁路侧回填土并夯实，恢复边沟等道路原有设施恢复地貌。埋设标志桩。全面清理施工现场 |

施工结束刚平整完场地的区段

已开始恢复区段

草方格沙障

已生长农作物区段

斜井穿越冲沟

开挖穿越冲沟

沟底浆砌石挡墙

截水墙

CJ 河穿越

CJ 河穿越水工设施

LF 河穿越

LF 河穿越水工设施

YS 河穿越

YS 河穿越水工设施

J 河穿越

定向钻施工作业范围已恢复地貌

穿越河流标志桩

J 河穿越处设警示桩

穿越 X 干渠

穿越 BJX 干渠

DC012-1—2Q 县箱涵穿越 XP 铁路

穿越 ZX 高速铁路

DL026—DL027TGBS 村穿越 LH 铁路

D054—D055NXM 村穿越 LH 铁路

本项目管道沿线采取的水保设施情况见表 3。

表 3　沿途水保设施

| 本项目采用的水工保护措施 | |
| --- | --- |
| 1 | 管道顺坡敷设，坡度大于 8°的设置截水墙，坡角设置挡墙 |
| 2 | 管道横坡敷设时，顺坡角敷设的，在坡角设置挡墙。在横坡坡体敷设的，在坡顶及管道靠山体侧设置截排水沟，并在不靠山体侧设置挡墙 |
| 3 | 管道在河川谷地貌敷设，管道距离河堤较近处，对河堤边坡设置浆砌石挡墙。管道在季节性河流河道中敷设的，间隔 20～30 m 设置浆砌石截水墙 |
| 4 | 管道在穿越冲沟及河流时，对穿越处两岸设置浆砌石护岸（护坡），在水流下游方向设浆砌石防冲墙 |
| 5 | 管道在距冲沟沟头较近处敷设时，应在沟头处设置挡墙防止沟头位置进一步扩散，并在沟头上方设置截排水沟 |
| 6 | 管道在穿越梯田地、台阶地时，设置堡坎对梯田及台阶地进行保护 |

管道横坡敷设挡墙

草袋素土堡坎

穿越高速公路匝道旁浆砌石挡墙

草袋素土堡坎

穿越台阶地修筑浆砌石挡墙　　　　　穿越乡村排水沟设浆砌石挡墙防护

### 3.2.6 环境风险防范设施

交通运输类项目涉及的环境风险包括化学品运输事故；输油管线、油库泄漏引起的水体、土壤污染等。

（1）环境监理要点。工程弃渣严格按照要求进行堆放，并做好相应的防护措施；工程上的防护拦挡措施必须及时到位；经过水源保护区的桥梁上的雨水收集设施，制定危险化学品运输事故应急预案；管线类项目制定环境风险应急预案，落实各项风险防范措施，包括沿线定点存放各类应急救援物资，管道穿越环境敏感地带应加厚管壁、加强防腐，输油管线在穿越河流两端设置事故池、自动截断阀室；涉及饮用水水源的敏感区段选择合适的民用井作为长期监测井，取潜层水监测相应指标，用于指导生产，及时发现问题等。

（2）管线环境风险防范措施的环境监理。本项目管线每千米设里程桩一个。里程桩与阴极保护桩合用，管道与地下构筑物交叉时在交叉处设置一个交叉桩；管道穿越等级公路等外路及砂石路、小型河流以及通过学校、人群聚集场等设警示牌。

警示桩与标志桩　　　　　　　　　　阴极保护桩

河流穿越标志桩　　　　　　　　　　　　　　　拐角桩

本项目采取的主要风险防范措施见表4。

表4　本工程设计中采取的风险防范措施

| 管段 | 类别 | 风险防范措施 | 备注 |
|---|---|---|---|
| 全线 | 管材、管径 | 管道在不同地区等级的穿跨越地区（高地震烈度区、各类穿跨越）均较周围管线壁厚有相应的增加 | 全线管材、壁厚及防腐措施整理成表 |
| | 防腐 | 采用三层PE和加强级三层PE | |
| | 施工探伤检测 | 全线进行X光检测 | |
| | 试压 | 全线试压 | |
| | 泄漏检测及自动控制 | 泄漏自动检测系统，SCADA控制系统（采用调控中心、站控和手控三级控制） | |
| | 截断阀室 | 两截断阀室间最大间距为32 km，可自动关闭，自动或手动控制 | |
| | | W河穿越处前后设两座截断阀室 | |
| | 场站 | ESD紧急截断系统 | |
| | 人工巡线 | 全线定期进行 | |
| | 运行期防腐 | 定期进行腐蚀检测 | |
| | 防止误操作 | 建立岗位操作规范 | |

项目建成后交由XX管道公司GS管理处运营，2010年10月，GS管理处制定了《突发事件综合应急预案》，该预案阐述了预案适用范围、事件分类分级、应急响应、应急保障等要求，着重强调了GS管理处应急管理组织机构、机关各科室工作职责，明确了各站队应急响应的现场组织和处置主体职责，用于指导甘陕管理处突发事件的响应、救援等应急管理工作。

GS 管理处在陕西 GL 设立了专业维修队，与沿线管道系统内部专业应急队伍建立了协作机制。同时，与当地政府建立了企地联防机制，与当地消防、医疗等社会依托签订了相关协作协议，确保应急救援联动和资源共享。

目前甘陕管理处的主要外协单位为 XA 维抢修队，主要负责管道及站场、阀室重大级以上事故部分抢修及水工保护、道路等设施毁坏抢修。必要时提供严重事故抢修的部分设备。

# 4 建议

交通运输类项目，与我们完成的化工、电力、矿产建设类项目环境监理相比，虽具有不同行业特性，环境监理重点有所不同，但环境监理既要承担建设项目合同委托责任，同时更需充分体现环境保护的社会责任，实现两者的有效统一，是其最重要的共同点。

通过环境监理实践，有如下体会：

（1）交通运输类项目参建单位、施工人员数量多，环境监理机构应在建设单位与项目工程监理的配合下，根据现状调查，分解、标示项目环境保护目标及责任与要求，采用告知文书、环境监理工作文件、复查与确认通知等方式，使各参建单位明确项目的环境保护目标和措施。

（2）针对施工活动中的重点环境因素，如取、弃土场等工程临时占地的设计和恢复、土石方平衡等，项目实际取弃土场的选择和设计往往与环评要求不符，造成项目环境保护目标难以实现，环境监理应及时敦促建设单位会商环评、设计单位等，并协调施工单位相互配合解决。

（3）正确处理与项目参建方的关系，有效的协调沟通是环境监理工作目标实现的保证。在项目建设过程中，环境监理、水保监理、工程监理同时在开展工作，各有工作依据和目标，环境监理机构应从项目管理角度考虑，以"有交叉、不越位"为管理理念，使建设项目实现"无缝隙环境管理"。

（4）尽快出台环境监理行业管理办法。环境监理发展较快，积累了大量的现场监理经验与成果，尽快出台包括市场准入、考核、日常管理等行业管理办法或规范是非常必要和迫切的。

# 上海国际航运中心洋山深水港区一期工程

交通运输部天津水运工程科学研究所

建立上海国际航运中心是实现中央决定的"把上海建成国际经济、贸易、金融、航运中心之一"战略决策的重要部署。洋山深水港区工程是建成上海国际航运中心的关键组成部分，是落实国家战略的重大举措，是一项国家战略工程，是我国"十五"期间的重大建设项目。洋山深水港区一期工程于 2002 年 6 月开工，在国家有关部委和地方各级政府的大力支持下，经过广大建设者共同努力，2005 年 10 月港区、大桥、配套工程建设完成，进入试生产阶段。洋山深水港区一期工程建设同时环境保护工作全面实施，在国家环境保护总局、交通部、浙江省和上海市各级环保主管部门的指导下，根据国家有关环保法律法规和相关部委对一期工程建设环保工作的要求，遵循"三同时"的原则，在环境监测、环境监理、各参建单位的共同努力下，一期工程建设环保工作克服恶劣气象等各种不利因素对工程建设带来的影响，团结一致，开拓创新，取得了来之不易的阶段性成果。

根据国家环保总局与交通部等六部委在 2002 年 10 月联合发布的《关于在重点建设项目中开展工程环境监理试点的通知》，以及交通部环境保护办公室《关于下发洋山深水港工程环境监理试点工作计划通知》精神，上海市深水港工程建设指挥部组织天津天科工程监理咨询事务所开展了一期工程环境监理试点工作。由于环境监理为试点工作，国内外无先例可循，环境监理单位在完成现场调研、资料收集、方案评审、教材编制、上岗培训、机构建设等一系列前期准备工作后，2003 年 8 月 1 日，环境监理人员进入施工现场，环境监理工作全面开展，在有关各方面的大力支持下，经历了宣传、教育、引导、培训、整改等过程，取得了阶段性成果，为国家建设项目环境监理试点工作进行摸索性尝试，积累了经验，在此基础上编制了洋山深水港区一期工程环境监理工作总结报告。

# 1 工程概况

## 1.1 工程简介

### 1.1.1 工程背景

建立上海国际航运中心是适应国际航运市场发展趋势，满足国际集装箱运输竞争和我国集装箱运输高速发展的需要；是把上海建成东北亚国际航运中心，参与国际竞争的需要；是应对我国加入 WTO，提高国际竞争力，实现国家发展战略的需要；也是促进长江三角洲和整个长江流域地区经济协调发展的需要。原国家计委于 2002 年 3 月批准一期工程项目建议书，2002 年 4 月批准一期工程可行性研究报告和开工建设，一期工程于 2002 年 6 月全面开工建设。

根据上海国际航运中心洋山深水港区总体规划，到 2020 年，洋山深水港区将形成岸线约 11 km，建设 30 多个集装箱深水泊位，建设时间长，投资巨大。深水港区一期工程建设 5 个能停靠第五代、六代集装箱船舶、兼顾 8 000TEU 的泊位，设计年吞吐能力为 220 万 TEU，码头岸线长 1 600 m。由于海岛建港，在深水港区一期工程建设同时，需建造全长 32 km 的跨海大桥及后方陆域必要配套工程设施。

### 1.1.2 工程介绍

洋山深水港区一期工程是上海国际航运中心洋山深水港总体规划的起步工程和重要组成部分，由 4 个密切相关的子工程组合而成，即：洋山港区工程、东海大桥工程、洋山港航道工程、一期工程配套项目工程（主要包括设于上海芦潮港区的港外供水、供电、供气、通信、港外生活区、辅助配套设施、集装箱洗箱站等）。建设地点位于浙江省崎岖列岛大小洋山岛及其附近的岛屿和海域，以及自小洋山岛至上海南汇嘴芦潮港的杭州湾水域和陆域。

计划工期为 2002 年 6 月至 2005 年年底，工程总投资 143 亿元，环境保护措施投资 5 817 万元（见表 1）。上海国际航运中心洋山深水港区区域位置见图 1。

（1）港区工程。深水港区一期工程作为洋山深水港区一期工程的主要部分，其主体工程包括了码头和陆域的辅助设施，5 个 15 m 以上水深的泊位可靠泊第五代、六代及 8 000 TEU 集装箱船，年吞吐量 220 万 TEU，码头总长度 1 600 m，港区水域面积 316.7 万 $m^2$，港区陆域面积 176.2 万 $m^2$。主要工程内容包括码头及水工建筑物施工、陆域形成、道堆、生产管理中心及生产辅助建筑、高架桥及匝道、导流堤、港口环保设施及其他附属设施等。洋山深水港区一期工程效果图见图 2。

（2）东海大桥工程。东海大桥工程以建立上海国际航运中心、建设大小洋山深水枢纽港的总体规划为背景，系为解决大陆与港岛之间的集疏运交通问题而必须建设的重要配套工程。东海大桥工程位于上海东南端，杭州湾口东北部海域。大桥跨越海域总长约 28.2 km，路线总长 32.7 km，其中小乌龟山岛—小城子山采用堤桥结合方式，线路总长 4 575 m。工程主要内容包括大桥主体桥墩、路面工程以及配套的供水工程、供电工程、通信管道工程等。东海大桥效果图见图 3。

（3）航道工程。为满足全天候接纳和通航第五代、六代集装箱船的要求，洋山深水港区一期工程航道工程将建设具有双向通航能力的深水航道，通航设计船型采用载箱量 7 760 TEU 的第六代远洋集装箱船。洋山深水港区一期工程航道工程由扫测工程、炸清礁工程、疏浚工程、助航工程、导航工程及测波验潮站工程组成。洋山深水港区一期工程航道工程效果图见图 4。

（4）配套项目工程。港外市政配套工程设在芦潮辅助区，为洋山深水港区一期工程的陆域基地，主要包括轻、重箱堆场，拆装箱库，机修车间，35 kV 变电所，综合办公楼，停车场，污水处理设施等，另设集装箱堆场约 90 000 $m^2$。洋山深水港区一期工程配套项目工程效果图见图 5。

表 1  洋山深水港区一期工程环保规划一次性投资计算

| 序号 | 项目 | 单位 | 数量 | 费用/万元 |
|------|------|------|------|-----------|
| 1 | 美化、绿化 | 万 $m^2$ | 20 | 1 000 |
| 2 | 垃圾库 | 处 | 1 | 50 |
| 3 | 道路洒水清扫车 | 台 | 2 | 80 |
| 4 | 垃圾转运车 | 台 | 2 | 60 |
| 5 | 综合环保接收船（污水/垃圾回收） | 艘 | 1 | 400 |
| 6 | 含油污水处理站 | t/d | 15 | 50 |

| 序号 | 项目 | 单位 | 数量 | 费用/万元 |
|---|---|---|---|---|
| 7 | 港区生活污水处理厂 | t/d | 200 | 400 |
| 8 | 芦潮洗箱污水处理站 | t/d | 80 | 300 |
| 9 | 芦潮生活污水处理厂 | t/d | 150 | 350 |
| 10 | 芦潮冲洗废水处理站 | t/d | 100 | 200 |
| 11 | 应急反应系统及设备（分五年购置，每年投资 90 万元） | | | 450 |
| 12 | 环境监测车 | 辆 | 1 | 60 |
| 13 | 废气净化装置（锅炉自带） | 套 | 5 | 60 |
| 14 | 底栖生物、苗种增殖放流 | 分四年实施 | | 1 200 |
| 15 | 实验室监测仪器 | — | — | 200 |
| 16 | 环境影响评价 | — | — | 200 |
| 17 | 其他专题环境研究 | — | — | 200 |
| 18 | 炸礁试验监测费 | — | — | 80 |
| 19 | 人员培训、施工期监测费 | — | — | 200 |
| 20 | 不可预见费（占以上费用的 5%） | — | — | 277 |
| 合计 | | 5817 | | |
| 占工程总投资百分比 | | 0.41% | | |

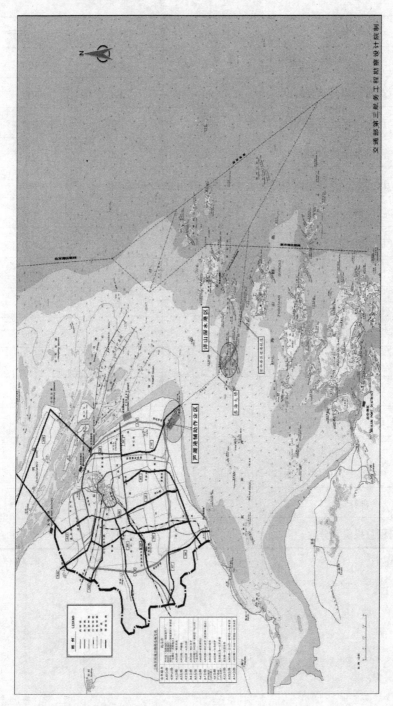

图 1　上海国际航运中心洋山深水港区区域位置

图 2　洋山深水港区一期工程港区工程效果图

图 3 洋山深水港区一期工程东海大桥效果图

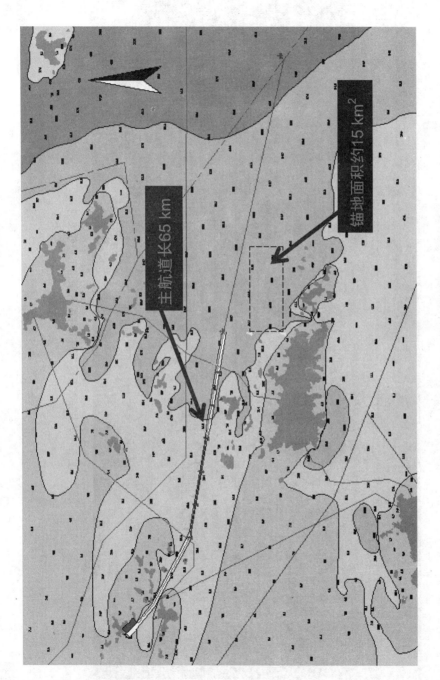

主航道长65 km

锚地面积约15 km²

**图4　洋山深水港区一期工程航道工程效果图**

图 5　洋山深水港区一期工程配套项目工程效果图

## 1.2 工程施工进展情况

2005 年 12 月洋山深水港区一期工程，包括洋山港区工程、东海大桥、洋山港航道、配套项目工程（主要包括设于上海芦潮港区的港外供水、供电、供气、通信、港外生活区、辅助配套设施、集装箱洗箱站等）全部完工，进入试生产阶段。

（1）港区工程进展图片。

桩基工程　　　　　　　　　　　　　　　　陆域形成

靠船构件安装　　　　　　　　　　　　　　吊机安装

（2）东海大桥工程进展图片。大桥工程 2005 年 10 月全线贯通，2005 年年底建成通车。

桩基工程

墩身安装

箱梁安装

桥面工程

（3）配套项目工程进展图片。

场地平整

路面及办公楼

# 2 环境监理工作依据

## 2.1 环保法规

（1）《中华人民共和国环境保护法》（1989.12.26）；

（2）《中华人民共和国水污染防治法》（1996.5.15）；

（3）《中华人民共和国环境噪声污染防治法》（1996.10.29）；

（4）《中华人民共和国大气污染防治法》（2000.4.29）；

（5）《中华人民共和国固体废物污染环境防治法》（2004.12.29）；

（6）《中华人民共和国海洋环境保护法》（2000.4）；

（7）《中华人民共和国渔业法》（2000.8.28）；

（8）《中华人民共和国土地管理法》（1998.12.29）；

（9）《中华人民共和国水土保持法》（1991.6.29）；

（10）《中华人民共和国海洋倾废管理条例》（1985.3）；

（11）《中华人民共和国防治陆源污染物污染损害海洋环境管理条例》（1990）；

（12）《中华人民共和国防治海岸工程建设项目污染损害海洋环境管理条例》
（1990.5）；

（13）《中华人民共和国防止船舶污染海域管理条例》（1983）；

（14）《经 1978 年议定书修正的 1973 年国际防止船舶污染海洋公约
（MARPOL72/78）》（国际海事组织）；

（15）《风景名胜区管理暂行条例》（国务院发布，1985）；

（16）《建设项目环境保护管理条例》（国务院令第 253 号，1998.11.29）；

（17）《建设项目竣工环境保护验收管理办法》（国家环境保护总局令第 13
号，2002.1.1）。

## 2.2 技术文件及其他

（1）《关于上海国际航运中心洋山一期工程环评执行标准有关意见的函》（浙
江省环境保护局，2001.9）；

（2）《关于洋山深水港区一期工程环境影响评价上海市境内执行标准的复函》
（上海市环境保护局，2001.11）；

（3）环境监理合同文件；

（4）《上海国际航运中心洋山港深水港区一期工程项目环境影响报告书》（交

通部水运工程科学研究所，2001.12）；

（5）《关于上海国际航运中心洋山港深水港区一期工程项目环境影响报告书审查意见的复函》（国家环保总局环审[2002]26 号）；

（6）《上海国际航运中心洋山深水港区一期工程初步设计》（交通部第三航务工程勘察设计院，2002.5）；

（7）《东海大桥工程初步设计文件总说明书》（上海市政工程设计研究院、中铁大桥勘察设计院、交通部第三航务工程勘察设计院，2002.5）。

# 3　环境监理工作程序和方式

## 3.1　环境监理单位和人员

### 3.1.1　环境监理单位

洋山深水港区一期工程环境监理工作由交通部天津水运工程科学研究所下属天津天科工程监理咨询事务所承担。

### 3.1.2　环境监理人员配备

环境监理人员于 2003 年 7 月 19 日进入施工现场，派驻施工现场的环境监理人员（技术人员）15 人，行政后勤等辅助人员 3 人，共计 18 人。组建了上海国际航运中心洋山深水港区一期工程环境监理总部，下设港区工程、东海大桥工程、物流园区工程三个环境监理分部，承担上海国际航运中心洋山深水港区一期工程环境监理任务。派驻现场的环境监理人员具备丰富的工程监理和港口工程环保管理的实践经验及理论知识，均参加了由交通部环保办公室在上海举办的环境监理岗前培训班，并培训合格获得上岗证书。派驻现场 15 名技术人员包括国家注册监理工程师 7 人，获得国家环保总局环评上岗证书 8 人，其中高级职称 5 人、中级职称 10 人。

环境监理部及监理人员

## 3.2 环境监理工作程序

### 3.2.1 编制环境监理规划

根据国家环保总局工程环境监理试点工作通知，天津天科工程监理咨询事务所 2002 年 11 月接受深水港工程建设指挥部委托，环境监理人员经现场调研和资料收集，于 2002 年 11 月编写了《洋山深水港区一期工程环境监理规划》。2003 年 1 月 15 日在上海由国家环保总局与交通部组织召开了《洋山深水港区一期工程环境监理规划》审查会，并审查通过。

### 3.2.2 编制工程环境监理细则

环境监理人员于 2003 年 7 月 19 日进入施工现场，环境监理工作于 2003 年 8 月 1 日全面展开，监理人员明确了岗位职责，建立健全了严格的环境监理规章制度，成立了环境监理组织机构。环境监理人员进场后首先熟悉现场情况，环境监理部下属的港区、大桥、物流园区三个环境监理分部的环境监理人员对工程已开工的二十几个标段进行了现场调研，内容包括：施工单位生产废水和生活污水的处理措施，包括施工现场、施工船舶、生活营地产生的生产废水和生活污水；大气污染防治措施，包括施工道路、堆场、运送物料车辆、开山爆破作业点以及混凝土搅拌站等起尘环节应采取的相应环保措施等；噪声控制措施，声源主要是施工机械、打桩、爆破等；固体废物处理措施，包括施工期生活垃圾和生产垃圾的管理回收处理计划。环境监理人员根据现场调研工程实际情况，编制了《环境监理实施细则》。

环境监理规划等资料

### 3.2.3 现场环境监理工作开展

根据洋山深水港区一期工程施工环境特殊，施工工艺复杂的实际问题，环境监理部结合洋山深水港区一期工程已开工的工程内容和工程特点，明确提出要根据港口施工特点开展环境监理工作，环境监理部建立以环境总监为主的完善的环境监控体系，对承包人的施工方法和施工工艺等进行全方位的监督与检查，对环境保护法律、法规进行宣传贯彻。利用监理旁站、巡视，通过环境监理例会、环境监理通知单、整改通知单等手段，开展工程建设过程的环境监理任务。环境监理人员根据洋山深水港区一期工程现场施工实际情况编制了环境监理工作流程，明确了工程建设每个阶段要做的具体工作，制定了环境监理分三个阶段实施的工作原则。即施工准备阶段环境监理、施工阶段环境监理、工程保修阶段（交工及缺陷责任期）环境监理三个阶段。

施工准备阶段环境监理部主要工作有：审查施工单位编报的《工程施工组织计划》中的环境保护条款、检查施工单位所建立环境保护体系是否合理、参与审批提交申请《单位工程开工报告》等。

施工阶段环境监理部主要工作有：根据各标段施工组织设计编制《环境保护工作重点》，并向施工单位进行环境保护工作交底，为施工单位指出环境污染敏感点，根据施工过程中的主要污染物提出具体的环境保护措施、审查施工单位提交的《工程施工环境保护方案》、检查施工单位的环境保护体系运转是否正常、检查环境保护措施落实情况等。

工程保修阶段（交工及缺陷责任期）环境监理主要工作有：审查施工单位编报的《工程施工环境保护工作总结报告》、整理环境保护竣工文件、工程项目环保验收、编写《环境监理工作总结报告》等。

同时环境监理部细化了《洋山深水港区一期工程环境监理实施细则》，根据现场实际情况制定了详细具体的工作方法。

具体包括：规定了施工船舶环境监理方法、船舶垃圾的监理方法、混凝土船水泥浇筑施工的监理方法、水工码头施工的监理方法、打桩施工的监理方法、陆域形成施工的监理方法、石料开采施工的监理方法、施工营地的监理方法等。

同时编制了一套环境监理用表，其中有检查施工船舶含油污水排放情况的《船舶油类记录簿》《船舶油污染应急计划》，对回船籍港由专门接收单位接收污水的船舶，要检查接收单位填写的"船舶接收/排放污水登记记录表"。在环境监理人员进场前船舶垃圾和施工营地生活垃圾基本是无组织排放，为此环境监理部编制了检查船舶垃圾用的"垃圾排放登记表"，并制定了垃圾集中收集处理方案。为了防止生产污水任意排放编制了"设备清洗水收集登记表"，登记生产污水收集量、回收利用量。对施工装卸机械、运输车辆、石料堆场产生的粉尘污染问题编制了"防粉尘污染措施实施记录表"，要求施工单位建立环保措施实施登记制度，以此监督防污染措施落实情况。

针对大桥工程海上施工船舶多而杂的特点，根据掌握的资料和现场具体情况，我们适时地编制了符合环境监理工作要求的"船舶登记表"，要求项目部上报施工船舶的情况、施工船舶的进场和出场情况通过环境监理月报上报，通过"船舶检查记录表"，我们对所检查的每一条船均有了详细的记录。通过以上的种种措施，环境监理部能及时掌握施工船舶的动态信息，实现对施工船舶的动态管理。

环境监理部要求各施工单位实行环境保护月报制度，要求各施工单位项目部每月向环境监理部上报环境保护工作月报。促使各施工项目部达到自觉提高环境保护意识的目的，起到环境保护工作自检的效果。要求施工船舶必须制定《船舶油污染应急计划》、各施工单位施工营地必须有临时厕所，要求各种垃圾必须集中处理、不准任意焚烧各种垃圾、生活污水必须经处理达标排放。

### 3.2.4 阶段与总体工程竣工验收环境监理

（1）组织初验。

1）工程完工、竣工文件编制完成后，承包人向环境监理工程师提交初验申请报告。

2）环境监理工程师审查初验报告。

3）环境监理工程师会同业主代表，组织承包人、设计代表对工程现场和工程资料进行检查。

4）环境总监召集初验会议，讨论决定是否通过初验，并向业主提出工程环境初验报告。

（2）协助业主组织竣工验收。

1）完成竣工验收小组交办的工作。

2）安排专人保存收集竣工验收时政府环保主管部门的所需资料。

3）提出工程运行前所需环保部门的各种批件，并予以协助办理。

（3）编制环境监理报告书。环境监理报告书内容主要有：工程概况，监理组织机构及工作起、止时间，监理内容及执行情况，工程的环保分析。

（4）整理环境监理竣工资料。环境监理竣工资料在合同规定的时间内提交业主，主要内容有：

1）环境监理工作规划；

2）环境监理实施细则；

3）与业主、设计、承包人来往文件；

4）环境监理备忘录；

5）环境监理通知单；

6）停（复）工通知单；

7）会议记录和纪要；

8）环境监理月报；

9）环境监理报告书。

## 3.3 环境监理工作方式和方法

### 3.3.1 环境监理工作方式

洋山深水港区一期工程环境监理工作于 2003 年 8 月 1 日全面展开，监理人员明确了岗位职责，建立健全了严格的环境监理规章制度。成立了环境监理组织机构，环境监理组织机构由环境监理部、深水港工程建设指挥部、各参建施工单位以及监理单位等部门组成。环境监理组织机构的建立为工作的顺利开展奠定了良好的基础，使环境监理总部与工程总指挥部、各环境监理分部与工程各分指挥部、各环境监理分部与各参建施工单位等各部门之间建立了良好的沟通渠道。

环境监理部要求各施工单位实行环境保护月报制度，要求各施工单位项目部每月向环境监理部上报环境保护工作月报，促使各施工项目部达到自觉提高环保意识的目的，起到环境保护工作自检的效果。

### 3.3.2 环境监理工作方法

（1）现场监理。分项工程施工期间，环境监理工程师对承包人的环保方面施工及可能产生污染的环节进行全方位的巡视，对主要污染工序进行全过程的旁站与检查。其工作内容主要有：

1）环境监理人员重点巡视施工现场，掌握现场的污染动态，指导环境监理工程师工作并督促承包人和监理双方共同执行好环境监理细则，及时发现和处理较重大的环境污染问题。

2）监理工程师、监理员对各项工程部位的施工工艺进行全过程的旁站监理，检查承包人的施工记录。

现场检查监测的内容有：

a. 施工是否按环境保护条款进行，有无擅自改变；

b. 通过对监测数据分析检查施工过程是否满足环保要求；

c. 施工作业是否符合环保规范，是否按环保设计要求进行；

d. 施工过程中是否执行了保证环保要求的各项环保措施。

3）环境监理员对每天的现场监督和检查情况予以记录并报告环境监理工程师，环境监理工程师对环境监理员的工作情况予以督促检查，及时发现、处理存在的问题。

（2）现场监理采取的方式。

1）巡视：对正在施工的项目进行不定时巡视，主要检查施工人员是否按规定和程序执行。

2）旁站：即施工全过程环境监理人员都在现场检查、监测和记录，随时纠正不规范操作和发现问题。施工连续作业时，监理部门安排足够人员轮班；需要做现场记录的，事前准备好表格。记录应每天交环境监理工程师审查，以判定是否符合要求。

环境监理人员在现场

（3）监理通知。

1）环境监理人员检查发现环保污染问题时，立即通知承包人的现场负责人员纠正。一般性或操作性的问题，采取口头通知形式；口头通知无效或有污染隐患时，监理员应将情况报告主管环境监理工程师，主管环境监理工程师报分管环境副总监批准后应及时发出"整改通知单"，要求承包人整改，并检查整改结果。该通知单同时抄送环境监理部和业主代表。

2）承包人接到环境监理工程师通知后，对存在的问题进行整改，整改后填报"整改复查报审表"报环境监理工程师。经主管环境监理工程师审查，分管环境副总监批准确认该问题已消除。

（4）污染事故处理。当工程施工过程中，出现重大污染事故时，按如下程序处理：

1）环境总监在接到环境监理工程师报告后，立即与业主代表联系，同时书面通知承包人暂停该工程的施工，并采取有效的环保措施。

2）承包人在发生事故后，除口头报告环境监理工程师外，应事后书面报告，填报"工程污染事故报告单"（附事故初步调查报告）报环境监理工程师，污染事故报告应初步反映该工程名称、部位、污染事故原因、应急环保措施等。该报告经环境监理工程师签署意见，环境总监审核批准后转报业主。

3）环境监理工程师和承包人对污染事故继续深入调查，并和有关方面商讨后，提出事故处理的初步方案并填报"工程污染事故处理方案报审表"（附工程污染事故详细报告和处理方案）报环境监理工程师，该报告经环境监理工程师签署意见，环境总监核准后转报业主研究处理。

4）环境总监会同业主组织有关人员在对污染事故现场进行审查分析、监测、化验的基础上，对承包人提出的处理方案予以审查、修正、批准，形成决定，方案确定后由承包人填"复工报审表"向环境监理工程师申请复工。

5）环境总监组织对污染事故的责任进行判定。判定时将全面审查有关施工记录。

## 3.4 环境监理工作范围和内容

### 3.4.1 环境监理工作范围

环境监理工作范围为工程所在区域与工程影响区域，包括施工现场、生活营地、施工道路、业主办公区和业主营地、附属设施等以及上述范围内生产施工对周边造成环境污染和生态破坏的区域。主要包括以下两方面内容：

（1）监理主体工程施工应符合环保要求，如污水、废气、噪声等排放应达标以及保护施工区域生态环境等，称为"环保达标监理"。

（2）对保护营运和施工期的环境而建设的各环境保护单项工程进行监理，称为"环保工程监理"。

### 3.4.2 环境监理工作内容

（1）废水处理措施。对生产和生活污水的来源、排放量、水质指标，处理设施的建设过程和处理效果等进行监理，检查和监测是否达到了批复的排放标准。必要时监理工程师可指派有资质的监测单位对其排放的污水水质进行监测。

（2）固体废物处理措施。固体废物处理包括生产、生活垃圾和生产废渣处理，达到保证工程所在现场清洁整齐和不污染环境的要求。

（3）大气污染防治措施。施工区域大气污染主要来源于施工和生产过程中产生的废气和粉尘。对污染源要求达标排放，对施工区域及其影响区域应达到规定的环境质量标准。

（4）水土保持措施。包括水土保持工程措施和植物措施。

（5）噪声污染防治措施。为防止噪声危害，对产生强烈噪声或振动的污染源，应按设计要求进行防治，要求施工区域及其影响区域的噪声环境质量达到相应的标准。重点是靠近生活营地和居民区施工的单位，必须避免噪声扰民。

（6）野生动植物及海洋生态保护措施。包括各种迁移、隔离、改善栖息地环境、人工增殖等各方面措施。

（7）人群健康措施。保证生活饮用水安全可靠、预防传染疾病、提供必要的福利及卫生条件等方面的措施。

（8）环保工程。其他独立环保工程、主体工程中具有环保作用的工程等实施的监理，确保这些工程的落实达到设计要求。

（9）环境监测调查等其他环保监控措施。环境监测（包括生态监测调查）措施应按环境影响报告书要求落实，并为环境监理提供必要的监测数据。环境影响报告书提出及未提出其他环保措施都应有效实施。

### 3.4.3 环境监理工作制度

（1）工作记录制度。环境监理记录是信息汇总的重要渠道，是环境监理工程师做出决定的重要基础资料，其内容主要有：

1）历史性记录。

a. 会议记录：如第一次工地会议，平常工地会议（或监理例会），工地协调及其他非例会会议的记录；

b. 环境监理工程师（或监理员）的日报表，凡是其所负责的工地及其职责范围内的主要工作都应作记录；

c. 环境监理日记，记录每天工作的重大决定，对承包人的指示，发生的纠纷及解决的可能办法，与工程有关的特殊问题，与承包人的口头指令，对下级的指示，工程进度或存在问题；

d. 监理月报，环境监理总部应根据工程的进展情况、存在的问题，每月以报告书的形式向领导小组报告并备案；

e. 环境监理巡视记录：主要记录环境总监巡视现场时发现的主要问题及处理意见；

f. 天气记录，主要记录每天的温度变化、风力、雨雪情况及其他特殊天气情况，还应记录因天气变化而损失的工作时间；

g. 对承包人的指令，环境监理工程师的正式函件及口头指示均应做好记录，同时记录口头指令得到正式确认的方式和时间，还有的指令体现在各种环境监理表格中，对此也要保留；

h. 承包人的报告或请示，正式例行报告、报表、各种正式函件、口头承诺，均应做记录。

2）质量记录。

a. 采样、监测、检验结果分析记录；

b. 各分项、分部工程的环保验收记录。

3）竣工记录。竣工记录包括施工过程中的验收记录和竣工验收阶段记录两部分，竣工验收阶段记录应包括验收检查、验收监测、验收评定及验收资料各方面内容。

（2）人员培训制度。协助建设单位组织对工程施工、设计、管理人员进行环境保护培训。

环境监理人员培训

（3）报告制度。环境监理报告是工程建设中环境保护工作的一项重要内容。编制的环境监理报告应该包括环境监理工程师的月报、季度报告、半年进度评估报告以及承包人的环境月报。报送环境监理工作领导小组、承包人和有关上级主管部门。

（4）函件来往制度。环境监理工程师在现场检查过程中发现的环境问题，应通过下发环境监理通知单形式，通知承包人需要采取的纠正或处理措施。环境监理工程师对承包人某些方面的规定或要求，必须通过书面形式通知。情况紧急需口头通知时，随后必须以书面函件形式予以确认。同样，承包人对环境问题处理结果的答复以及其他方面的问题，也要致函环境监理工程师。

（5）环境监理例会制度。建立环境例会制度，每月召开一次环保会议。在环

环境监理月度例会

境例会期间，承包人对近一段时间的环境保护工作进行回顾性总结，环境监理工程师对该月单位工程的环境保护工作进行全面评议，肯定工作中的成绩，提出存在的问题及整改要求。每次会议都要形成会议纪要。如有污染事故发生，随时召开会议。

### 3.4.4 工程主要环境影响

根据上海国际航运中心洋山深水港区一期工程环境影响报告书预测、分析结果，工程建设可能产生的主要环境影响如下：

（1）水环境影响。

1）一期工程建设对工程海域水动力条件的影响比较明显，但对杭州湾潮流场的影响不大；到南港区建成后工程海域潮流流向变幅一般为±5°，流速变幅一般为±（0.01～0.05）m/s；杭州湾其他海域潮流流向变幅一般为±0.5°，流速变幅为±（0.005～0.01）m/s。

2）一期工程的建设对工程海域盐度场的影响主要因水动力条件的改变所致，对杭州湾盐度场平面分布的影响不显著，南港区建成后工程海域及其附近盐度动态变幅范围为±（5～15），杭州湾其他海域盐度动态变幅小于±5。

3）水动力条件的改变及其连带的盐度场变化不会引起杭州湾海域悬浮物浓度场平面分布的显著变化，但会引起工程海域悬浮物浓度较显著的变化，南港区建成后工程附近海域浓度变幅一般为±500 mg/L，占自然变幅的1/3，杭州湾其他海域浓度变幅小于±100 mg/L，占自然变幅的7%，考虑到大部分增幅和减幅的影响可以相互抵消，因此对悬浮物浓度场的综合影响不显著。

4）因疏浚引起的悬浮物增量一般情况下的超标范围施工期为 13 km²，运营期为 3 km²，最大超标范围施工期为 19 km²，运营期为 6 km²。如果能够尽量减少抛泥作业，并严格控制吹泥作业溢流口 SS 排放，则超标面积可以大幅减少。

5）施工期每天生活污水产生量约480 t，油污水产生量为 10 t，通过加强施工管理，接收处理后达标排放，对周围海域环境质量无明显影响。

6）运营期港区生活污水年产生量约为 5.53 万 t，油污水年产生量约 2.36 万 t，在港口码头和船舶的各类污水经过收集、处理，达标排放的前提下，则本工程正常运营期对海水质量无明显影响。

7）预计芦潮港区配套工程日排废水、污水合计 292 t，经处理后可达到上海市污水综合排放标准的二级标准，对周围水域环境质量无明显影响。

8）工程规划中的移民将每年减少 20 万 t 的生活污水排放，对改善区域水环境质量有很大的帮助。

（2）海洋生态与渔业资源。

1）修建导流堤有可能会使生物量高峰季节（5—9 月）杭州湾内部分水域浮游动植物浓度有小幅增加，相应引起磷、氮营养盐浓度的小幅度降低；施工期疏浚作业会带来 SS 超标、水域浮游植物生物量的小幅度降低，并引起该超标区域浮游动物生长高峰期（4—10 月）生物量的小幅度降低，超标区浮游动物月平均相对损失率 12%。综合而言，本工程建设对海洋生态系统的影响不大。

2）本工程建设对渔业资源会造成比较显著的影响：

a. 修建导流堤约 4 444 万尾洄游和近岸鱼类需要改道通过，资源量占调查海域鱼类资源总量的 6.36%，其影响需要凭借鱼类的适应能力逐渐恢复；

b. 多项施工内容均会对鱼卵、仔鱼造成不同程度的伤害，按影响大小排列的工程内容依次为：疏浚与陆域形成、炸礁、修建导流堤、大桥施工，总损失量分别为 3 872 万个和 21 077 万尾，其影响在采取适当措施后基本可以得到控制、恢复和补偿；

c. 施工期疏浚作业会造成 856 万尾幼鱼、100 t 潮间带生物和 134 t 底栖生物的损失，部分影响在采取适当措施后可以得到控制和恢复，并采取经济补偿措施加以补偿；

d. 疏浚作业、炸礁带来鱼类资源损失较大，分别为 911 t 和 505 t，其影响需要采取严格措施加以控制，并采取经济赔偿措施加以补偿。

3）工程运营期疏浚作业所造成的鱼卵、仔鱼、幼鱼和鱼类资源的损失量分别为 44 万个/年、222 万尾/年、60 万尾和 7.2 t，相应鱼类资源的总损失量约为 108 t。

4）通过在航更换压载水等方法，并做好立法和执法监督工作，则压载水不会对海域生态造成外来生物入侵的破坏。

（3）声环境影响。

1）小洋山陆域施工噪声对大洋山居民基本无影响，海域爆破施工振动在 500 m 时衰减为 2.5 cm/s，对大洋山居民无严重影响，爆炸噪声对居民的影响也较小。

2）运营期港区噪声能够满足港内 4 类、港外 2 类的噪声标准，基本对风景区不产生影响。东海大桥周边无敏感目标，尽管运营期夜间略有超标，但影响不大。

3）芦潮港配套工程除装卸机械作业噪声夜间超标约 10 dB 外，一般昼夜间能满足厂界噪声 2 类标准。集卡运输交通噪声对公路两侧 30 m 处的影响值，昼间能满足 4 类标准，夜间则超标 5～10 dB。

（4）环境空气影响。

1）施工混凝土搅拌作业的环境空气影响范围主要集中在下风向 200 m 范围

内，对周围环境影响不大；石料开采在爆破过程引起的尘土飞扬的影响范围在爆破点 200～300 m 范围内；沥青熬炼、搅拌和路面铺设过程存在一定量的沥青烟气污染，影响范围主要局限在施工现场的 100～200 m，由于居民搬迁，因此施工期不会造成不利影响。

2）运营期洋山港区 $NO_2$、CO、THC、$SO_2$ 和烟尘排放量分别为 239.8 t、115.6 t、41.9 t、5.1 t、2.1 t；东海大桥 $NO_2$、CO、THC 年排放量分别为 315.9、301.7 t、113.0 t；芦潮港配套工程 $SO_2$、$NO_2$、CO、THC 和烟尘年排放量分别为 3.1 t、1.3 t、0.5 t、0.18 t、1.0 t。在采取适当控制措施后，年排放量削减率至少可达 10%，符合有关排放标准。

3）工程运营期大桥和港区公路两侧 200 m 范围内 CO、$NO_2$ 浓度超标，其他区域空气环境质量基本可保持原一级标准。

4）芦潮辅助作业区各废气污染源在多种气象条件下，各污染因子日均浓度均能达到国家环境空气质量一级标准的要求。

（5）陆域生态环境影响。小洋山陆域施工期土壤侵蚀约是自然流失量的 3 倍，正式运营期（恢复期）约为自然流失量的 1.16 倍，基本不会加重当地的水土流失；建设和运行过程中，开发地原有的植被将被清除，如果不能采取适当的生态恢复对策，并有效地控制项目产生的污水、废气和固废，则将会破坏原有的生态环境，影响植物生长，降低生物多样性。芦潮港地区国家保护动物较多，虎纹蛙和鸳鸯在本区域集中分布，受到的影响较大，其他珍稀动物主要有水禽，虽然数量不多，但都会受到一定程度的影响，也必须受到足够的关注。

（6）社会环境与景观影响。

1）本项目的建设，为进一步开发、开放大小洋山经济，创造了十分有利的条件，也必将促进嵊泗县以及舟山市的经济发展。另外，对于调整当地产业结构，使从渔业为主转向以港口、旅游业为主导的新型产业结构，拓宽就业渠道都有着极大的意义，也有利于吸引人才，提高当地知识结构层次，促进地区总体文化的提高。

2）小洋山岛原有居民 3 400 余人将全部进行搬迁，移民安置地大致有两处：一是嵊泗大洋镇，二是上海芦潮港所在的南汇区。以上两地的现有土地及其他资源、环境质量等都可以接受，移民的生活质量总体得到了改善。

3）小洋山岛现有三个级别景点中，将有一半景点会遭到破坏或受到影响。采用加权平均的办法，可以得出小洋山整体景观受到影响的程度为 37.5%。小洋山景观以自然和人为景观为主，缺乏现代景观的宏伟和自然与人工景观的对比美感，项目建设完成后，将在这一方面加以补偿，而且从对景观资源开发的角度来看，能大大带动这一地区的交通和经济发展，加快基础设施的建设，有利于促进景观旅游资源的开发和利用。

4）本工程推荐方案所需的土石方比较大，所以因炸山采石引起的景观破坏也不容忽视。根据现状调查，本工程区域海岛上平地甚少，多秃岩，为花岗斑岩层。生长在岩石陡峭缝中的主要是一些滨海特有植物，如海桐、光叶蔷薇等。这些植被都将随着采石过程而遭到破坏。而且采石后，往往会形成与周围环境极为不协调的灰白色裸露山体。这些不仅会加剧水土流失，而且会破坏景观视觉上的美观。

5）规划的主通航孔净空高度和宽度可以满足本区域军事船舶和渔业生产作业的通航要求。桥址区涉及海军在杭州湾海域的对空演习场所，大乌龟岛现属海军演习的靶点。建桥后，这些场所应由上级主管部门重新划定。即使东海大桥主通航孔桥采用斜拉桥方案，其主通航孔桥主塔位置已在浦东国际机场净空保护区范围外，对浦东国际机场飞行安全没有影响。

（7）固体废物环境影响。本工程施工期固体废物中钻孔废渣发生总量约为 83 万 $m^3$，常规性垃圾约每天 12 t，运营期港区固体废物年发生量约为 1 172 t，港外配套工程固体废物年发生量约为 2 438 t，如果采取积极有效措施，固体废弃物不会对港区环境造成不利影响。工程移民将每年减少 3 000 t 的生活垃圾排放，能够有效改善区域环境质量。

（8）电磁辐射环境影响。通过对相类似设备的类比调查，220 kV 变电站及微波通信（频率 6 GHz）等设备建成后不会对人体健康及环境造成影响；220 kV 变电站及微波通信（频率 6 GHz）设备在规定的规划控制区外，不会对广播信号产生干扰。

### 3.4.5 环境影响报告书批复要求

国家环境保护总局《关于上海国际航运中心洋山深水港区一期工程项目环境影响报告书审查意见的复函》（环审[2002]26 号，2002.2.9）中的意见如下：

（1）制订科学、严格的水下爆破和炸礁方案。采用"先试后爆"和"从小药量到大药量"逐步升级的爆破方法，调整起爆药量。采用水下钻孔爆破和延时爆破等先进的施工工艺，减缓冲击波对鱼类的影响；合理安排爆破、炸礁、疏浚等施工作业时间和周期，尽量回避鱼类产卵期和索饵期。

（2）严格控制疏浚施工和疏浚物质转移过程中装舱溢流、疏浚物溢出及泄漏等，疏浚土应尽可能用于陆域回填；严格控制吹填区溢流口悬浮物的排放。抛泥作业应满足国家海洋倾废的有关规定。

（3）进一步优化大桥施工方案，采用先进的施工工艺，尽量缩短水下作业时间。施工产生的淤泥、岩浆、废渣应运送到岸边指定区域堆放，禁止直接向水域中排放。水上平台施工的生活污水和生活垃圾也禁止直接排放或抛弃。加强对施工设备的管理和保养，杜绝油类物质和建筑材料等泄漏。

（4）减少施工期临时占地，施工结束后应及时平整，并恢复植被。对土石方开挖和取、弃土场应采取工程防护和植被恢复等措施，防止水土流失。采取有效措施防止施工扬尘和施工机械噪声扰民。

（5）认真落实施工期环境监控计划，对施工海域进行定期的水质、生态和渔业资源动态跟踪监测，及时掌握工程施工海域渔业生态、渔业资源的实际变动状况，完善施工期污染防治和生态保护对策措施。

（6）加强施工期环境监理，各项污染防治和生态保护措施必须落实到工程施工承包合同中，配备相应的环境监理人员。上海市和浙江省环境保护局应协同做好该项目施工期的环境监督管理，根据工程进展的不同阶段，组织有关单位有针对性地进行施工期环境监督检查，及时发现问题，提出补救对策。

（7）加强营运期海洋生态环境和渔业资源监测研究工作，通过苗种的人工增殖放流、底栖生物的移植等手段，开展生态恢复工作。与有关渔业部门协商，规定不允许捕捞生产的范围、时间，设置显著标志。

（8）按照"统一接收、集中处理、一次规划、分期实施"的原则，统筹安排港区、芦潮港辅助区的污水处理，落实集装箱冲洗废水、油污水和生活污水处理设施，确保达标排放，并注意水资源的综合利用。

（9）港区、港外配套工程以及船舶产生的固体废物应按国家固体废物管理的有关规定，分类收集，统一集中处理处置。

（10）制定并落实环境风险防范措施，建立突发性化学品及溢油事故应急反应体系，落实应急设施、装备及其投资，建立快速、有效的报警系统和指挥通信网络。

（11）在港界、道路两旁以及港前区植树和铺设草坪，全港绿化率应满足有关规定。在规划设计和建设中，要重视景观保护工作，严格限定开发区域，努力保护原有的沙滩、礁石、古迹等自然和人文景观。

（12）小洋山岛居民的搬迁安置，应注意妥善解决因搬迁安置带来的次生环境问题。

（13）该项目位于嵊泗列岛国家级风景名胜区内，应根据国家风景名胜区管理的有关规定，对风景名胜区总体规划进行调整并重新报批。

# 4 环境监理内容、方法及效果

## 4.1 环境监理工作内容、工作方法

### 4.1.1 环境保护设计的工作情况

本工程环境保护初步设计和技术施工设计由业主委托中交第三航务工程勘察设计院于 2002 年 5 月 20 日完成，设计内容包括环境保护设计依据、设计标准、工程概况、工程主要环境影响源和污染物分析、环境保护工程设施设计、对建设项目引起的生态变化所采取的防范措施、环境绿化、环境管理机构和定员、环境监测机构、回顾性评价、环境保护投资额等。

### 4.1.2 工程总体环境保护措施落实情况

洋山深水港区一期工程自 2002 年 6 月开工，从总体工程情况落实环境保护措施如下：

（1）制定了科学、严格的水下爆破和炸礁方案。深水港工程建设指挥部在水下炸礁进场施工前，于 2003 年 11 月 19—20 日委托多家海洋监测单位进行了两次试爆试验，环境监理人员对试爆全过程进行了旁站监理，此次试爆试验为制定严格的水下爆破和炸礁方案提供了科学的依据。施工单位在施工过程中严格按照试爆试验数据对起爆药量进行调整，采用水下钻孔爆破和延时爆破等先进的施工工艺，减缓冲击波对鱼类的影响，合理安排爆破、炸礁、疏浚等施工作业时间和周期，回避了鱼类产卵和索饵期，减少了对周围生态环境的影响。

炸礁平台

试爆现场

（2）环境监理人员根据环评报告书批复，要求上海航道局陆域形成吹填标段在疏浚施工过程中采用先进的自航耙吸式挖泥船装舱溢流施工方法，并通过改变施工作业时间及周期来回避鱼类的产卵和索饵期，疏浚土用于陆域回填，避免外抛，减少资源浪费和对海域环境的扰动，同时严格监控吹填区溢流口悬浮物排放浓度，严格控制疏浚施工和疏浚物质转移过程中因装舱溢流、疏浚物溢出及泄漏等。

挖泥船舶　　　　　　　　　　　　　　吹填溢流口

（3）洋山深水港区一期工程在施工过程中以初步设计为基础，在各标段施工组织设计中进一步优化了大桥施工方案，采用了先进的施工工艺，大大地缩短了水下作业时间，减少了施工给海洋生态环境带来的影响。环境监理人员要求施工人员将产生的淤泥、泥浆、废渣运送到岸边指定区域堆放，禁止直接向水域中排放。水上平台施工的生活污水和生活垃圾也进行了集中收集，禁止直接排放和抛弃。在环境监理人员监督下，施工人员加强了对施工设备的管理和保养，杜绝油类物质和建筑材料等泄漏。在小洋山港区大临设施施工基地建设生活污水处理站，

船舶生活垃圾收集装置　　　　　　　　船舶含油污水收集桶

处理量为 10 t/h，现已投入使用，使大临设施施工基地生活污水达标排放。针对洋山深水港区一期工程水上作业点多、线长的特点，配备专门的生活垃圾、含油污水收集船舶，对大型船舶生活垃圾和含油污水进行收集。

（4）环境监理人员要求各施工标段减少施工占地，施工结束后及时进行平整，并恢复植被。对土石方开挖和取弃土场采取工程防护和植被恢复等措施，防止水土流失。采取了洒水等有效措施防止施工扬尘，更改施工工艺防止机械噪声扰民。

（5）认真落实施工期环境监控计划，深水港工程建设指挥部委托上海市环境监测站等监测单位，在一期工程施工期间对施工海域进行定期的水质、生态和渔业资源动态跟踪监测，及时掌握工程施工海域渔业生态、渔业资源的实际变动状况，完善施工期污染防治和生态保护对策措施。

**表 2　施工期的监测计划落实情况**

| 项目 | | 监测点 | 监测项目 | 监测频次 |
|---|---|---|---|---|
| 水环境 | 环评 | 大桥下游 500 m、污水排放口 | SS、石油类、$BOD_5$ | 2 天 |
| | 实际 | 小洋山生活污水排放口 | 磷酸盐、SS、COD、$BOD_5$、氨氮、动植物油、pH、阴离子洗涤剂 | |
| 声环境 | 环评 | 主要施工场地 | 等效 A 声级 | 2 天 |
| | 实际 | 小洋山、芦潮港辅助区 | 等效 A 声级 | 2003—2005 年，每年 4 次（1 月、4 月、7 月、10 月），每次 1 天，分昼间和夜间两个时段监测 |
| 环境空气 | 环评 | 主要施工场地 | TSP | 2 天 |
| | 实际 | 小洋山、芦潮港辅助区 | CO、$PM_{10}$、$SO_2$、$NO_2$ | 2003—2005 年，每年 4 次（1 月、4 月、7 月、10 月），每次连续 3 天；$PM_{10}$ 昼夜各 1 次，其余因子 6 次/天 |
| 渔业生态 | 环评 | 20 个站位 | 浮游植物、浮游动物、叶绿素 a、底栖生物 | 2 次/年（8 月、2 月）、9 天/次 |
| | | 3 个潮间带断面 | 潮间带生物 | |
| | 实际 | 20 个站位 | 浮游植物、浮游动物、叶绿素 a、底栖生物 | 3 次/年（2 月、5 月、8 月），潮间带生物 1 次/年 |
| | | 4 个潮间带断面 | 潮间带生物 | |

| 项目 | 监测点 | 监测项目 | 监测频次 |
|------|--------|---------|---------|
| 渔业资源 | 环评 | 15个站位 | 鱼卵、仔鱼种类组成及数量分布，鱼类种类组成、数量分布、生物学特征，生物体内石油烃等 | 2次/年（2月、8月）、9天/次 |
|  | 实际 | 15个站位 | 鱼卵、仔鱼的种类组成和数量分布，渔获物种类组成、数量分布、主要品种生物学参数、现存相对资源密度、渔获物体内石油烃残留量 | 3次/年（2月、5月、8月），石油烃2次/年 |

水质与沉积物监测

水生生态监测

　　（6）加强施工期环境监理，使各项污染防治和生态保护措施落实到工程施工合同中，配备了相应的环境监理人员。国家环保总局、交通部、上海市和浙江省环境保护局以亲临现场或召开环境管理工作会议等形式组织有关单位有针对性地进行施工期环境监督检查，加强了洋山深水港区一期工程项目施工期的环境监督管理工作，及时发现问题，提出补救对策。深水港工程建设指挥部委托天津天科工程监理咨询事务所在施工期间进行环境监理工作，加强了施工期现场的环境监理，使各项污染防治和生态保护措施落实到工程施工过程中，施工期环境保护工作效果明显。

环境保护管理工作会议

主管部门领导亲临现场

（7）加强了营运期海洋生态环境和渔业资源监测研究工作，通过苗种增殖放流、底栖生物的移植等手段，开展生态环境恢复工作。深水港工程建设指挥部委托农业部东海区渔政渔港监督管理局，按照农业部批复的《洋山深水港区一期工程渔业资源增殖放流实施方案》，于 2004 年 6 月 16 日开始连续三年利用舟山渔场渔业资源增殖保护区受保护时间进行增殖放流工作，三年累计投资将达到 1 200 万元。放流品种包括大黄鱼、黑鲷、日本对虾、梭子蟹、海蜇等。

增殖放流仪式

放流船舶

（8）港区、一期工程配套项目工程以及船舶产生的固体废物在施工期按国家固体废物管理的有关规定，分类收集，统一集中处理。在环境监理人员督促下港区成立了保洁队伍，建设垃圾中转站，专门进行垃圾的收集和分类工作，将垃圾集中后装船运至上海市垃圾处理站统一处理。一期工程配套项目工程建立垃圾库，由有资质收集部门进行收集处理。

现场保洁 垃圾收集

（9）按照"统一接收、集中处理、一次规划、分期实施"的原则，统筹安排了港区、芦潮港辅助区的污水处理，落实了集装箱冲洗废水、油污水和生活污水处理措施等环保措施，并将与港区工程同时投入使用。

（10）小洋山岛 1 423 户、3 553 个居民的动迁工作于 2003 年 6 月份完成，提前半年实现了"人走岛空"的节点目标，为工程建设创造了有利条件。小洋山岛原有居民全部搬迁至嵊泗大洋镇或上海芦潮港所在的南汇区。以上两地的现有土地及其他资源、环境质量等都可以接受，移民的生活质量总体得到了改善。

（11）洋山深水港区一期工程项目位于嵊泗列岛国家级风景名胜区内，根据国家风景名胜区管理的有关规定，深水港工程建设指挥部于 2004 年 1 月商请嵊泗县在修编嵊泗列岛风景区规划中调整小洋山风景区范围。

## 4.2 环境监理工作成果

### 4.2.1 环境监理资料存档翔实、完备

环境监理人员 2003 年 7 月进场至 2005 年年底工程竣工，环境监理人员共进行现场巡视 3 200 多人次，召开环境保护工作各类会议 170 余次，发出监理联系单 500 余份，发放整改通知 70 余份，编制监理月报 29 本、年报 3 本、环境监理规划 1 本、环境监理教材 1 本、环境监理实施细则 1 本。

环境监理资料存档

## 4.2.2　参建人员环境保护意识普遍提高

　　环境监理人员进场后参照工程监理工作流程，根据环境监理工作自身特点以宣传、教育、引导为主，以宣传横幅、图片、环保知识竞赛等多种形式开展了大量的环境保护宣传教育工作，使得参建人员环境保护意识普遍提高。

环境保护宣传图片及宣传横幅

环境保护宣传横幅及环保知识竞赛

### 4.2.3 建立了完善的管理体系

在洋山深水港工程建设指挥部大力支持以及各参建施工单位的积极配合下，建立了由环境监理部、深水港工程建设指挥部、各参建施工单位以及监理单位等部门组成的环境监理组织机构。施工单位普遍建立了环保管理体系，形成了环境监理人员、项目部分管领导、环保专管员的工作联系网络，逐步制定和完善了各项环保制度。各相关单位间的关系见图6。

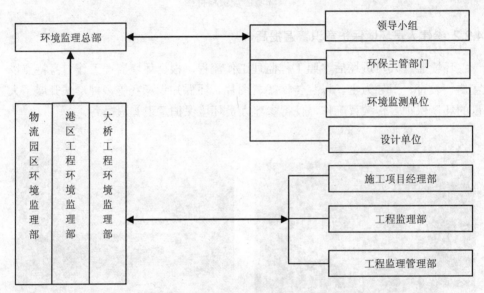

图6　环保管理体系中各相关单位间的关系

### 4.2.4 会议制度建立

形成了由总指挥部业主代表、各分指挥部业主代表、环境监理总监、各环境监理分部总监参加的环境监理工作月度会议制度。

形成了各环境监理分部、分指挥部业主代表、分指挥部监理管理部代表、各参建施工单位分管环保工作领导及环保专管员参加的环境监理月度例会制度。

# 5 环境监理工作亮点和建议

## 5.1 环境监理工作亮点

### 5.1.1 环保措施得到有效落实

　　施工单位在项目开工前，环境监理工程师向施工单位进行环境监理要点的交底，向施工单位讲明环境监理的目的、任务、工作范围及环境监理要点和环保措施。环境监理人员在工程实施过程中以巡视、旁站等形式，使环境保护措施得到有效落实。

垃圾收集车

垃圾转运站

施工现场生产垃圾分类回收

施工道路洒水前后对比

施工现场护坡　　　　　　　　　　　砂料堆场

### 5.1.2 环保设施的"三同时"得到保证

　　环境监理人员根据环境监理要点中环保"三同时"的要求，对施工期和营运期环保设施的设计、施工、安装、调试进行了全程的监理工作，取得良好的效果。

在建的污水处理设施

### 5.1.3 工程施工污染源得到有效控制

　　对施工中产生的生活污水、生产废水、施工泥浆水、施工道路扬尘、生活垃圾、生产垃圾、施工机械噪声等污染物，制订了控制措施表，各施工单位在施工的过程中，根据不同的施工内容，对照污染源控制表，采取不同的措施，有效地控制了污染的产生。

使用低噪声机械　　　　　　　　　　　　配备防尘施工车辆

### 5.1.4 植被恢复工作得到保证

　　环境监理人员要求施工单位在工程完工后及时对用地进行植被恢复，做到边使用、边平整、边绿化，使工程绿化恢复工作得到保证。

绿化恢复现场

### 5.1.5 具体环保措施举例

（1）深水港工程建设指挥部增加投资 7 000 万～8 000 万元将小洋山港桥连接段原开山爆破工程改为隧道工程，保护了小洋山风景区。

开山爆破　　　　　　　　　　　　　　　　　隧道工程

（2）施工单位主动对"姐妹石"等风景采取加固防护措施，避免其在施工过程中受到破坏。

"姐妹石"保护前后对比

### 5.1.6 环境监测结果良好

通过环境监理试点工作的介入，使洋山深水港区一期工程施工期的生活污水、含油污水、生产生活垃圾、疏浚挖泥、海底炸礁等污染物排放得到了有效控制，各项环保措施得到了有效落实，环境监测结果表明洋山深水港区一期工程对施工海域水质、沉积物和水生生物未产生明显不利影响，对杭州湾水域的整体生态环境影响较小，对区域渔业资源的直接影响也控制在可接受范围内，渔业资源的数量、种类组成和优势种分布总体上与工程施工前的状况基本相似，未发生明显变化。各生物指标与 2002 年同海域相比，叶绿素 a、细菌总数变化不大，浮游生物的生物量、群落组成、多样性指数及优势种类的组成和比例等均无明显变化。

## 5.2 环境监理工作体会与建议

### 5.2.1 洋山深水港区一期工程作为环境监理工作试点的正确性

洋山深水港区工程是建成上海国际航运中心的关键组成部分，是落实国家战略的重大举措，是一项国家战略工程，是我国"十五"期间的重大建设项目。建设地点位于浙江省崎岖列岛大小洋山岛及其附近的岛屿和海域，以及自小洋山岛至上海南汇嘴芦潮港的杭州湾水域和陆域，跨浙江省和上海市海域。因此，选择洋山深水港区一期工程作为国家 13 个环境监理试点项目中唯一的一个水运港口项目。

通过洋山深水港区一期工程环境监理试点工作，使包括业主单位在内的所有参建人员的环境保护意识有了进一步提高，环保工作的重视程度有了进一步加强，施工单位把环境保护工作与提升企业的知名度、维护企业的形象、体现企业管理水平联系起来，推动和深化了施工单位的环境保护工作，使环评报告书提出的各项环境保护措施得到落实，与以往相比，施工环境有明显改善，环境监测结果表明，洋山深水港建设对海洋生态环境和海洋资源的影响控制在可接受范围内，附近海域水质、沉积物和水生生物的种群和数量未有明显变化，对整个杭州湾水域的整体生态环境影响较小。因此，国家选择洋山深水港一期工程作为环境监理试点是正确的，也是必要的，给今后其他工程特别是水运港口工程建设推广环境监理工作积累了一定经验，具有借鉴作用。

### 5.2.2 通过制度建设，进一步确立工程环境监理的法律地位

2002 年 10 月，国家环保总局等六部委明确在 13 个国家重点建设项目中开展施工期环境监理试点，取得了良好的效果，并积累了丰富的实践经验，带动了我国建设项目环境监理工作的发展。但是，环境监理还没有普遍推行，工程施工期的环境保护工作往往难以得到有效实施。要想普遍推行建设项目环境监理，必须通过制度建设，确立环境监理的法律地位，进一步完善环境监理制度。

### 5.2.3 确立环境监理单位和从业人员的资格管理要求

目前开展环境监理工作的单位是具有工程监理证书或环境影响评价证书的单位，从业人员包括国家注册监理工程师、环评工程师或具有环评上岗证的人员。国家对环境监理从业单位和人员的资质管理制度还没有具体制定，给环境监理制度推广带来一定困难，因此建立环境监理从业单位和人员资质管理制度势在必行。

### 5.2.4 全面建立环境监理体系，进一步完善环境监理制度

环境保护部等各级环保主管部门均对建设项目开展环境监理工作提出了具体要求，但指导环境监理工作具体实施落实的只有《关于在重点项目中开展工程环境监理试点的通知》等个别文件，尽管目前《水运工程施工环境监理规范》制定工作已经全面展开，但是环境监理体系制度还不够完善，国家主管部门应该针对环境监理配备相应管理机构，制定相应法律法规，对建设项目环保投资、环境监理从业资格、环境监理取费等进行全面规定，保证环境监理事业能够健康地发展下去。

### 5.2.5 加强对监理市场的动态管理，全过程参与工程管理

在实际环境监理过程中，有的施工期出现的生态环境问题是施工期以前造成的，造成这些生态环境问题的一个重要原因是设计阶段工作不细致，由此带来施工过程中的设计变更，没有进行环境影响复核，因此，环境监理应该由施工阶段工程环境监理向前延伸到设计阶段环境监理，甚至于在环境影响评价阶段就应当为设计阶段提供可操作的技术依据。此外，环境监理单位应在招标阶段参与工程的建设管理，协助业主编制招标文件和进行招投标活动，参加开标、评标，并协助业主签订工程承建合同。这样，可以使主体工程招标文件中关于环境保护的条款得到细化，为今后工程建设过程中环境保护工作的顺利进行打下基础。

### 5.2.6 设置独立的环境监理机构，与工程监理机构加强协作

工程监理主要任务是对工程的成本、质量、进度和安全的监理，而环境监理主要任务是对工程建设的环境保护进行监理。两者监理的重点不一样，专业方向也大不相同，因此，环境监理必须独立于工程监理，否则，环境监理的作用将会减弱，目标难以实现。

环境监理应与工程监理加强协作，做到既保证满足工程建设对成本、进度、质量或安全的要求，又保证不造成环境污染或生态破坏。

### 5.2.7 合理赋予环境监理工程师支付权

合理赋予环境监理工程师支付权，是保证工程项目能够保质、按时完成的关键。建设项目施工期的环境保护专项费用一般分为两类：一类为建设项目招投标、合同中涉及的环保投资费用，另一类为独立的环境保护设施的工程款。环境监理工程师可以根据施工单位具体的环境行为质量和环保设施建设情况以月度工程款的形式向施工单位划拨，合理地赋予环境监理工程师支付权，可以使环境监理在整个施工过程中更加有效地行使环境监理职能，更彻底地开展环境监理工作。

### 5.2.8 补充环境监理取费标准，改善监理队伍生存和发展环境

环境监理是一项高质量的技术服务，而且，一个大型工程的环境监理工作量是很大的，监理对象多、区域广、时间长，对从业人员综合能力要求较高，投入的人力、物力通常很大，当监理取费过低时，监理单位很难派出高素质监理人员，更无法提供优质服务。

建议有关主管部门组织对环境监理费用进行测算，在此基础上提出环境监理收费标准的意见及建议，保证环境监理收费的落实到位。

# 某公司石化炼化一体化项目

辽宁碧海环境保护工程监理有限公司

## 1 工程概况

### 1.1 项目基本情况

该项目建设地点为某石化基地内。区域内地势平坦开阔，由松散沉积物组成，地表为复垦的低产河滩地和荒地。

该项目共有工程主项 99 个，其中含炼油生产装置主项 10 个，化工生产装置主项 9 个，炼油区油品储运设施主项 22 个，化工区辅助设施主项 22 个，炼油区公用工程主项 18 个，化工区公用工程主项 7 个，厂外工程主项 9 个，合资主项 2 个。

某石化炼化一体化项目土建施工期现场

### 1.2 开展环境监理过程简介

鉴于该项目所在地地理位置特殊，周边环境较为敏感，为了最大限度地降低项目建设过程对周边生态环境的影响和做好建设期环境保护措施"三同时"的管理和协调工作，建设单位委托了辽宁碧海环境保护工程监理有限公司作为整个项目建设期的环境监理单位，承担该项目建设全过程的环境监理工作。随即辽宁碧海环境保护工程监理有限公司于2009年7月正式成立了该项目环境监理部进驻项目施工现场开展环境监理工作。

为较好地完成环境监理工作任务，辽宁碧海环境保护工程监理有限公司依靠多年炼化项目环境管理经验，并结合该项目先进的 IPMT+EPC 建设管理模式，采取了设立环境监理部驻地专业化管理，环境监理专业管理团队融入项目业主及总承包商的 HSE 管理体系的管理方法，通过环境监理与参建单位之间管理模式的相互融合，使得环境监理在建设过程中能够充分发挥应有的作用。环境监理以业主的专业化管理团队身份加入参建队伍，开展各项环境保护工作，既让环境监理真正做到了全面了解施工过程全部环境保护措施关键节点，又明确了环境监理在管理团队中的监督地位，为环境监理的监理和监督的双重工作职能找到了一个合适的结合点。

## 1.3 环境监理工作要点

该项目环境监理工作重点主要有以下几项：

（1）鉴于项目所在地地下自然基层渗透性好，地下水系丰富的特点，环境监理将该项目防渗工程（防渗工程包含 HDPE 膜防渗、水泥基渗透结晶型防渗混凝土及涂层防渗、水池柔性材料防渗、地下水监测和收集井等工程）作为环境监理工作重点，严格依照环境影响评价内容监督防渗工程用材料的防渗性能检验、防渗工程设计及设计变更过程、防渗工程施工过程及各项施工细部节点、防渗工程验收过程等。

防渗混凝土防渗性能检测试验

HDPE 防渗膜施工现场

防渗混凝土水池施工现场

防渗工程联合验收

（2）该项目对钢结构防腐要求较高，施工期包含抛丸/喷砂防腐、酸洗钝化防腐等作业，环境监理将此类作业一并列为环境监理工作重点。环境监理对此类施工行为的施工前期环境保护方案、施工过程环境保护方案和污染防治措施的执行行为、废弃物/液的合理处理等进行重点监督。

（3）该项目建设周期长，参建人数多，该公司专为项目建设期参建人员的生活污水排放而建设了临时污水处理厂，环境监理将污水处理厂的建设过程、运行期管理行为、在线检测设备的运行、达标污水的排放过程作为监督管理的重点。

临时污水处理厂施工期

临时污水处理厂运行期

（4）防止工程所有生产装置、辅助装置和公用工程产生的污水、废水及工程界区范围内的雨水对外环境产生污染，该项目建设大型综合污水处理厂、约67 km长排污管线和氧化塘工程。综合污水处理厂的服务范围是工程界区的所有设施排放的所有污水、废水和雨水。包括炼油区污水处理线、化工区污水处理线、污水深度处理线、回用水处理线、浓水处理线、事故池和雨水收集（监控）池、污水处理臭气收集处理系统、工程固体废弃物的临时堆场和固体废弃物（含污油、渣液）焚烧处理装置。鉴于综合污水处理厂、排污管线和氧化塘工程的重要性，环境监理将其作为管理工作重点，严格依照环境影响评价对其建设规模、工艺技术、设计过程、建设过程和验收进行全面监督管理。

综合污水处理厂炼油 DCI 除油池　　　　　　综合污水处理厂前臭氧接触池

（5）通过对该项目生产工艺分析我们了解到，炼油区的常减压、加氢裂化装置、柴油加氢装置和渣油加氢等装置所产生的含有 $H_2S$ 酸性水将输送至硫黄回收装置进行硫黄的回收。该项目环境监理部经过研究认定硫黄回收装置应当是整个炼油化工区环境工程的重点建设项目，所以硫黄回收装置的设计、建设过程进度控制及关键节点验收被列为环境监理部的工作重点。

（6）炼油化工装置所产生的部分废气中含有 $H_2S$、$NH_3$、$CO_2$ 和烃类等物质，按照环境影响评价要求这些气体将送至火炬系统点燃后排放，如果不点燃 $H_2S$ 就排放进入大气中将引起事故，危及人的生命安全，因此，环境监理部将火炬系统作为监管重点，对其建设质量、进度进行定期检查，并作为环境保护措施核查的重点。

## 2　环境监理工作依据

### 2.1　法律法规依据（略）

### 2.2　文件依据

（1）与建设项目相关的环境影响报告书及其批复；
（2）环境监理合同；

（3）建设项目 HSE 管理规定；

（4）环境监理大纲和方案；

（5）该项目防渗混凝土指导手册；

（6）公司防渗工程总体设计文件；

（7）炼化项目环境监理工作指导手册；

（8）与项目环境保护相关的会议纪要和通知等。

# 3 工作程序、方式

## 3.1 工作程序

结合该项目管理模式特点，辽宁碧海环境保护工程监理有限公司设立环境工程设计、施工、验收管理程序，生态环境保护管理程序和环境保护措施核查程序。另外，为适应国家环境保护主管部门和该公司提出的进一步加强施工期环境监管，充分发挥环境监理专业职能的要求，项目环境监理部将管理职责范围内的所有环境保护措施划分为一般管控工程和重点管控工程。

重点管控工程主要包含两部分：一是合同中规定工作范围内的污水池、装置区地坪、装卸栈台和化学品库等所有防渗工程；二是一般管控工程管理过程中发现存在重大环境保护工程工艺技术或质量隐患并需要进行重点管控的工程，环境监理机构将对其进行升级管理。一般管控工程是指除重点管控工程以外的其他环境工程。

### 3.1.1 设计管理程序

本项目技术工艺复杂，参与项目设计的有十多个单位。为确保环境保护措施设计进度符合"三同时"要求，环境保护措施在设计中的工程技术指标与环境技术指标相协调，彻底解决建设项目常见的工程建设指标与环境保护指标不相衔接的技术问题。辽宁碧海环境保护工程监理有限公司项目环境监理部专门为该项目设置了多项设计管理流程，以便于达到对环境工程的设计过程进行全面监督管理，实现环境保护技术指标能够在设计文件中得到切实有效落实的目的。设计管理程序包括环境工程初步设计审查流程、环境工程施工图设计审查流程和环境工程设计变更审批流程（见图 1 至图 3）。

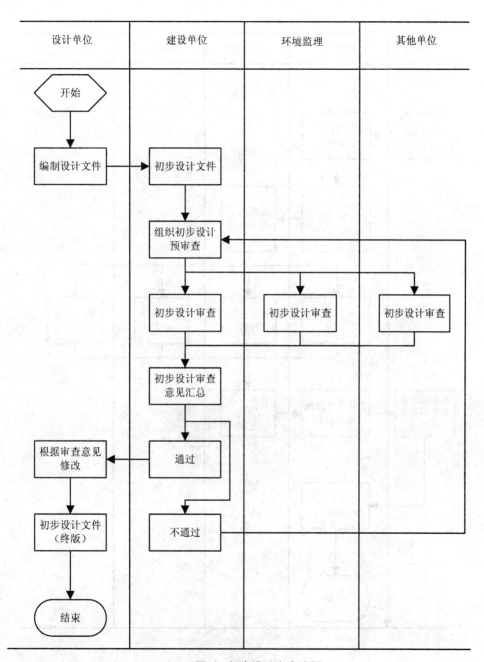

**图1 初步设计审查流程**

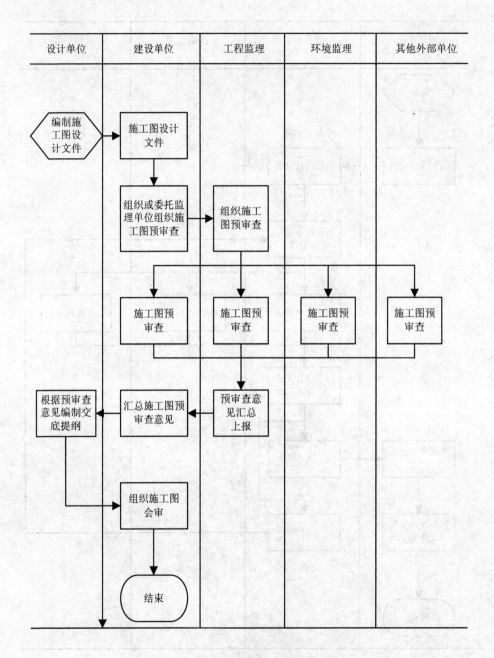

**图2 环境工程施工图设计审查流程**

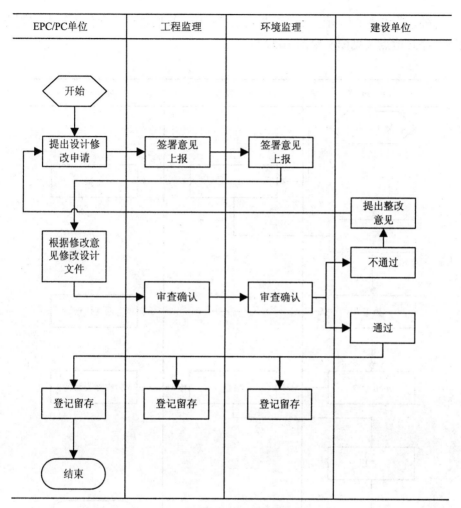

**图3　设计变更审批流程**

### 3.1.2　施工管理及验收程序

施工过程管理是本项目环境监理的重要工作内容，通过第三方环境监理机构对施工过程的监管、定期总结和工作汇报，环境监理对与环境保护措施有关的全部工程建设内容的建设行为和现有的建设管理体系进行监督。

主要的施工过程管理流程有一般环境工程审批、施工期监督管理和验收流程，重点环境工程审批流程，重点环境工程施工期监督管理流程，重点环境工程验收流程，环境工程施工问题整改流程（见图4至图8）。

另外,在防渗工程所涉及的重要施工过程中,我们进一步细化了管理控制点,设置了停必检点(见图 9 至图 16)。

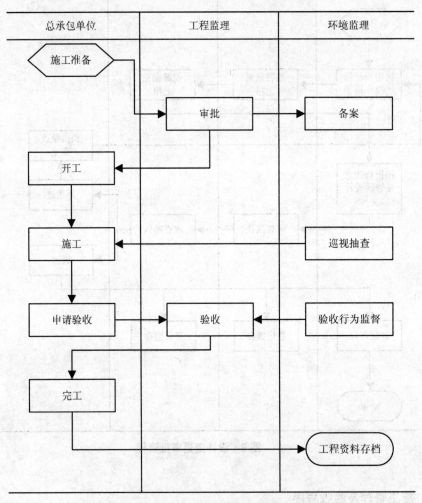

**图 4 一般环境工程审批、施工期监督管理和验收流程**

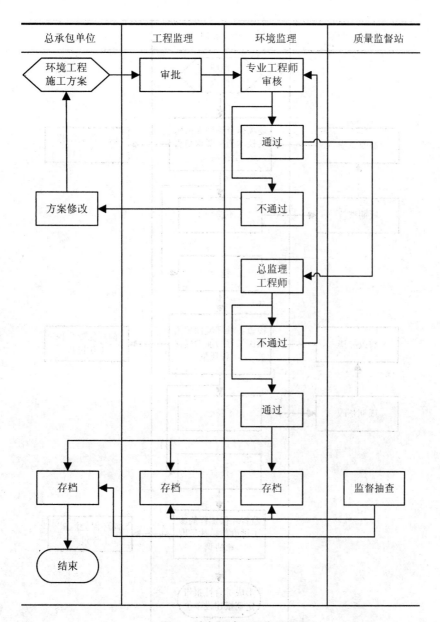

**图 5　重点环境工程审批流程**

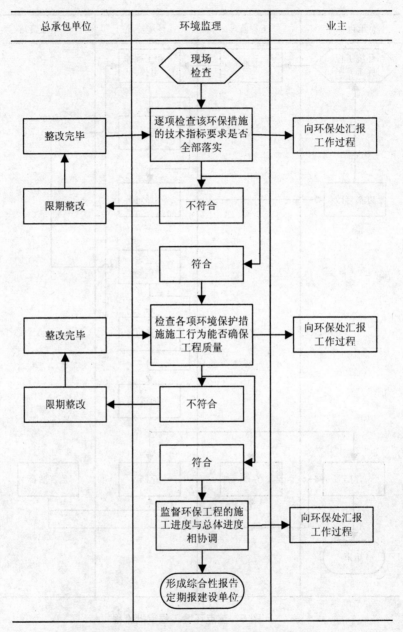

**图 6　重点环境工程施工期监督管理流程**

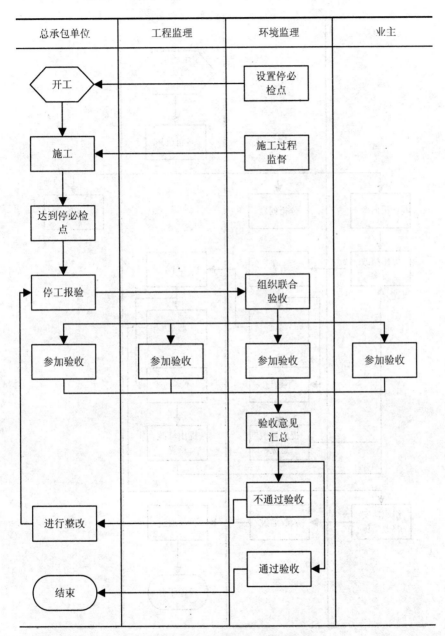

**图7 重点环境工程验收流程**

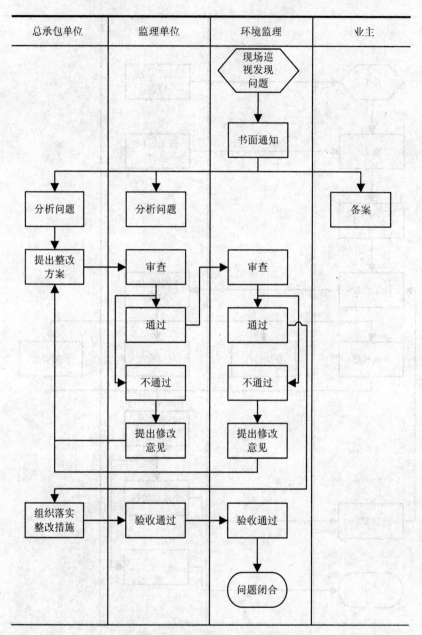

**图 8 环境工程施工问题整改流程**

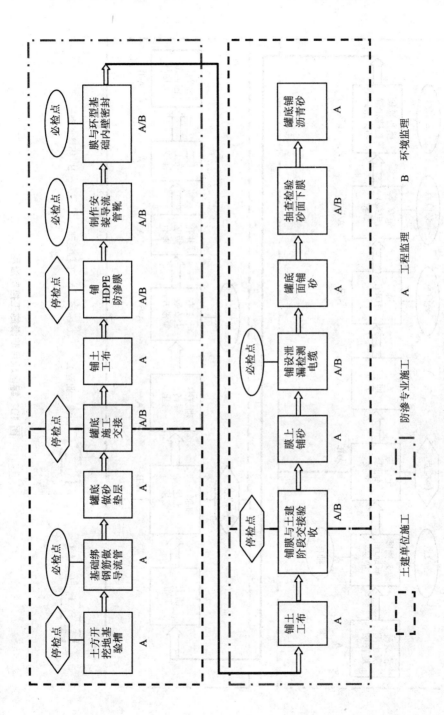

图9　储罐防渗施工控制流程

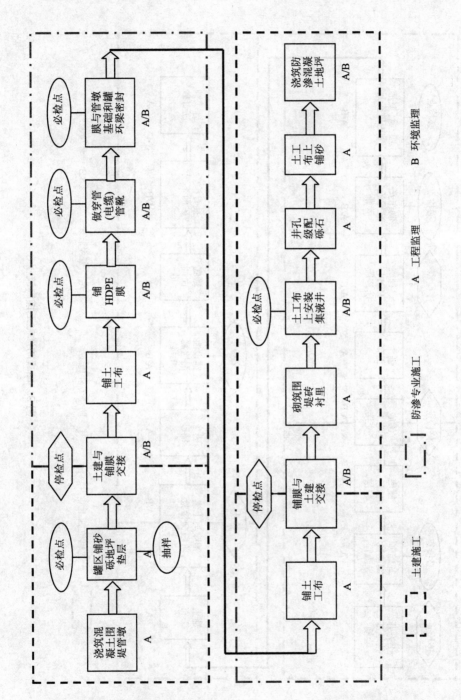

图 10　罐区地坪防渗施工控制流程

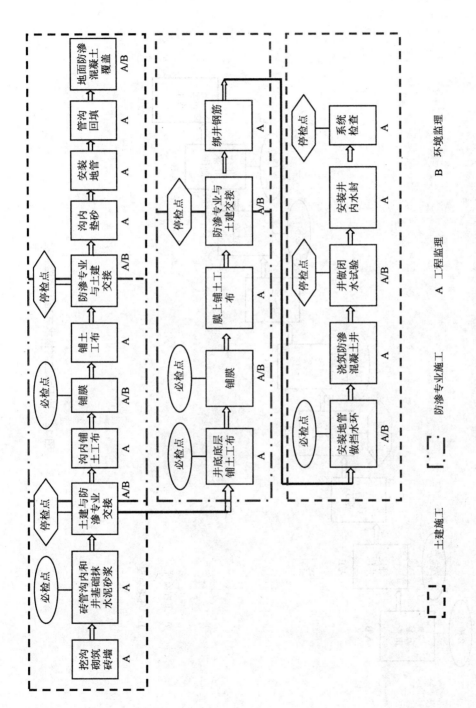

图 11 地管（井）防渗施工监控流程

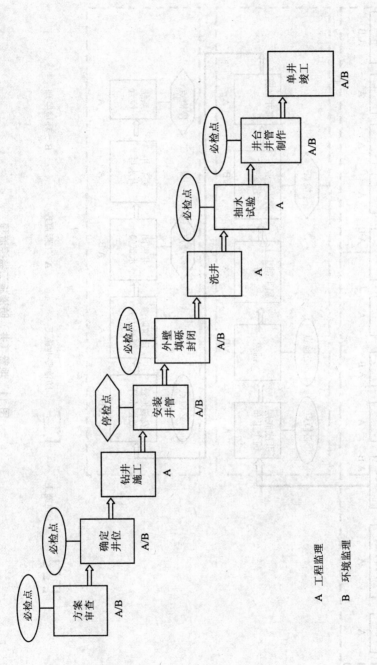

A　工程监理
B　环境监理

**图 12　地下水监测油水井施工监控流程**

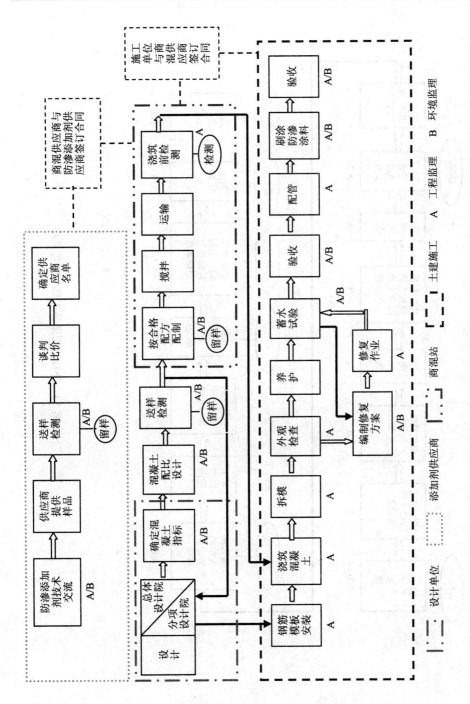

图 13 水池防渗施工控制流程

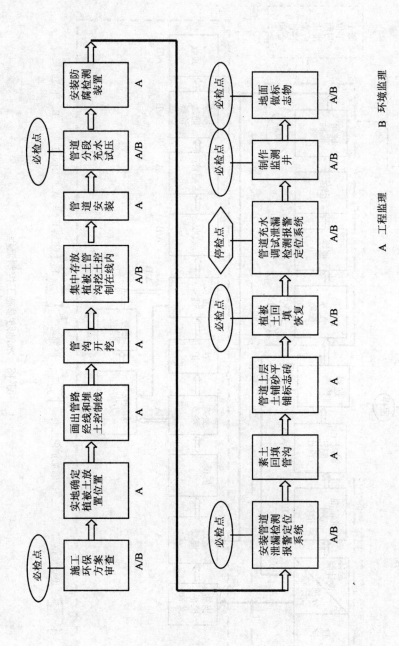

图 14　外排水管道施工环保监控流程

A　工程监理　　　B　环境监理

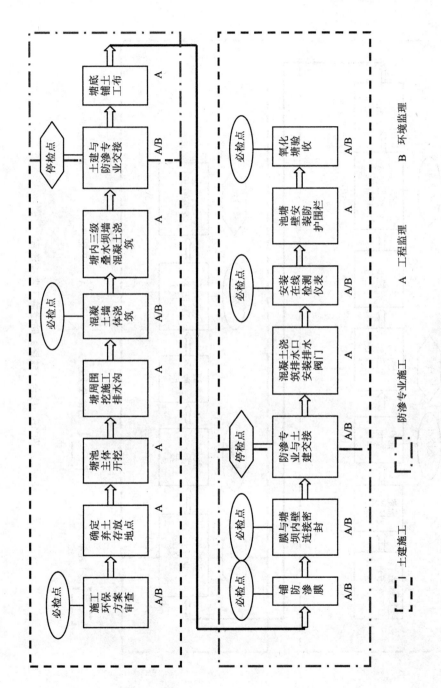

图 15　氧化塘施工环保监控流程

A　工程监理　　　B　环境监理

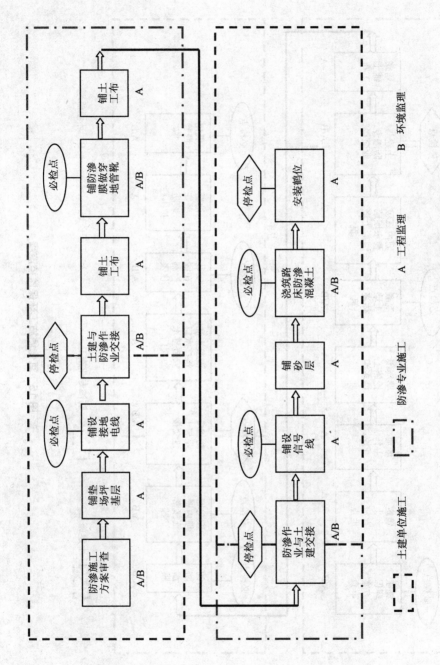

图 16　栈台（铁路）防渗施工监控流程

### 3.1.3 生态环境保护管理程序

生态环境保护工作的开展涉及每个参建单位，以 IPMT＋EPC 管理模式为例，环境监理机构工作的开展可以按照以下程序进行：

（1）依照项目特点，编制一份生态环境保护管理规定，向所有参建单位发布；

（2）工作开展前期，环境监理机构可以要求参建单位建立起 HSE 管理体系，设立一名施工期生态环境保护负责人与环境监理机构建立起常态化的沟通机制；

（3）对可预见的环境风险或在监督检查过程中环境监理机构发现的环境风险，由环境监理机构协助施工单位设置环境风险防控措施，编入 HSE 方案或环境监理生态环境保护管理规定当中；

（4）环境监理应定期巡视现场，对发现的问题要采取果断措施及时处置，并向业主通报。

### 3.1.4 环境保护措施核查程序

为做好每一套炼油化工装置的设计、施工及单项工程验收过程的环保措施"三同时"动态管理，在本项目工程管理体系框架内，辽宁碧海环境保护工程监理有限公司项目环境监理部建立了一套环境保护措施核查机制，定期以单套装置工程为单位对与其相关的所有环境保护措施进行逐一的核查，并形成核查资料。核查内容涵盖装置规模，单元组成，主要设备，生产工艺，废水、废气、噪声和废渣防治措施，防渗工程等方面。具体审查流程如下：

（1）专业监理工程编制核查方案；

（2）由环境监理总监主持对专业监理工程师编制的核查方案进行评审；

（3）核查方案评审合格后由专业监理工程师组织相关参建单位进行现场核查；

（4）由专业监理工程师笔录记载核查实际内容填入"环境保护措施核查表"；

（5）参建各相关方对"环境保护措施核查表"的实际录入内容进行核对，确认无误后签字确认；

（6）环境监理总监对核查内容复核无误后交文控存档。

## 3.2 工作方式

（1）定期例会；

（2）现场巡视督导；

（3）联合发布行政通知；

（4）环境监理书面函件（联络信函，审批流程表单，联系单和整改通知单等）；

（5）例行检查和考核；

（6）组织进行综合性联合大检查。

# 4　监理内容、方法及效果

## 4.1　环境保护技术咨询

环境保护技术咨询范围包含环境影响评价及其批复的专业解析，施工期生态环境保护技术咨询，固体废弃物的无害化处置咨询，噪声防治技术咨询，振动扰民防治措施咨询，环保材料选型及重要技术指标的解析与工程实施技术咨询，施工期 HSE 体系建设中环境保护制度建立等所有与环境保护相关的咨询服务。

经本项目实践，通过环境监理为参建单位提供技术咨询服务，提高了施工方对环境保护技术要求及相关标准的理解能力和执行能力，同时在一定程度上也弥补了部分工程建设标准在环境工程设备或材料性能方面的技术管理空白，进一步保障了环境保护措施由环评书面要求向工程实体转化的可靠性。

## 4.2　炼化装置设计管理

在设计阶段，环境监理应当参与和污染物防控措施设计相关的设计审查工作。审查工作分为两大部分：一是依照项目环境影响评价及其批复中对于环境保护工程措施和生态环境保护的要求，检查总体设计和分项设计与环境保护要求的符合性，对发现的问题，环境监理应以书面形式将审查或整改意见反馈给建设单位和设计单位。二是在设计完成后的施工过程中，由于未考虑到的特殊情况而需要对与环境保护措施相关的设计文件进行修改或变更的，应报环境监理审核通过后方可变更设计文件。

经过工程实践，环境监理开展的设计管理工作在一定程度降低了环境保护措施设计漏项或设计失误，避免了由于设计问题而给建设单位带来时间上和资金上的损失。工作过程形成资料，为将来的项目环境保护专项验收提供了便利条件。定期的工作总结方便了建设单位及政府主管部门对"三同时"中同步设计情况的实时掌控。

## 4.3　施工期生态环境保护管理

施工期生态环境保护管理是指为了降低或避免在项目建设期给生态环境造成的破坏，环境监理机构依据国家、地方环境保护法律法规，建设单位环境保护制度等文件，根据项目特点针对施工期土建、安装等施工过程中有可能给生态环境造成破坏的行为予以约束的工作行为。根据不同的施工阶段，施工期生态环境保护管理内容不尽相同，主要管理内容包含以下三点：

（1）三通一平阶段：环境监理主要管理内容为施工扬尘的控制、机械噪声控制、振动的防治等；

（2）土建、安装施工期：主要包括施工期生活废水处理和排放，钢铁结构喷砂/抛丸除锈粉尘和固体废物，防腐油漆桶的堆放、运输与处置，石棉/岩棉的堆放与无害化处理，酸碱清洗液体的存放与处置，水土保持，植被恢复，农作物复垦，珍稀动植物的保护等；

（3）工程建设竣工前收尾期：防护绿化带的建设，参建单位临时办公拆除后建筑垃圾的处置和生态环境的恢复等。

经过工程实践，施工期生态环境保护管理的开展实现了项目建设期间各类施工行为对周边生态环境的破坏最小化，保护了项目周边的自然环境，促进了项目建设期间参建单位与周边居民的和谐相处。

## 4.4　环境保护工程措施落实过程的进度控制与管理

环境保护工程措施落实过程的进度控制是指为了使项目环境保护工程措施在设计、施工和验收过程都符合"三同时"要求，在设计、施工和验收期进行全面的进度控制、监督和总结汇报的工作行为；环境保护工程措施落实过程的管理是指为了使环境保护工程措施的设计技术指标、施工执行标准和验收履行程序满足环境影响评价及其批复的要求，在其设计审查、施工过程检查和验收等建设行为发生过程中进行的监督管理工作。

通过工程实践，证明环境保护工程措施落实过程的进度控制与管理，一方面做到了环境保护工程建设进度的动态掌握，另一方面做到了环境保护工程建设过程全面受控，各项环境保护指标要求能够得到贯彻落实。其过程中形成的管理过程资料为环境保护专项验收打下了良好的基础。

## 4.5　总体工作情况的汇报与建设体系内部沟通协调

环境监理机构对在执行环境监理任务过程中所进行的主要工作内容，有义务向建设单位做定期书面汇报。

在项目建设过程中，所有与环境保护相关问题的发现、处理和解决都属于环境监理沟通协调的业务范围。发现环境问题后，环境监理负责与建设单位协调，达成一致的解决意见后，向下传达给施工单位执行层进行整改，并在整改行为实施过程中监督检查，问题处理完毕后组织相关职能单位参加联合验收。

通过工程实践可以看出，总体情况工作汇报有利于建设单位全面了解与项目相关的各项环境保护工作情况，建立体系内部沟通协调工作，保证项目健康稳步推进。

## 4.6 工程建设期环境保护工程资料的收集、整理和汇总

环境监理负责收集项目建设期与环境保护相关的设计、施工和验收资料，并按照项目编号定期整理汇编成册。项目竣工后全部资料交建设单位留存以备环境保护专项验收使用。

## 4.7 试生产阶段环境工程运行情况的监督

项目竣工得到环境保护主管部门批准试生产以后，环境监理负责组织协调项目试运行期环境监测的开展，检查主动污染防治措施的落实情况，检查被动污染防治措施的运转情况。

试生产结束后，环境监理根据试生产过程中各项环境保护措施运行情况和监测报告，编制试生产运行阶段环境监督报告。

## 4.8 项目之外配套环境保护措施落实过程核查

环境监理机构应当按照环境影响评价中的相关要求定期对项目建设范围之外的配套环境保护措施进行核查，核查内容编入环境监理月报当中，并定期将核查内容整理汇总形成书面材料备案。常见的核查项目有以下两点：

（1）其他高污染、高耗能企业的整改。通常为了控制大型炼化一体化项目所在区域的污染物排放总量，都把关停或整合其他高耗能、高污染的小企业作为节能减排的途径之一。

（2）自然保护区或水源地地上和地下水体的保护。为了避免大型炼化企业污水排放对自然保护区或水源地地上和地下水体造成不良影响，有可能会采取建设长途排污管线异地排放或者迁移水源地的环境保护措施。

此项工作的开展将为项目环境保护专项验收打下良好的基础。

# 5 工作经验、亮点及思考

## 5.1 工作经验及亮点

经过多年的炼化项目环境监理工作，我们认为开展工作前必须找好环境监理的自身定位，真正融入整个项目的管理体系当中，明确工作目标，严格按照环境影响评价和施工期环境监理合同所规定的工作范围及内容进行监理工作，充分发挥环境监理职能，不拖不靠，积极解决监理期间发现的各类环境保护问题，做好环境监理期间的工作汇报。

我公司在成立本项目环境监理部之初，就按照公司化的项目建设管理模式和炼化项目工程特点进行内部组织机构的设置，并明确了环境监理部在参建单位中的监督管理地位，在本项目监理工作中，环境监理的管理层面在总承包和工程监理之上，总承包商和工程监理接受环境监理监督。同时，环境监理部充分利用各承包商现有的 HSE 管理资源，与各总承包商建立 HSE 联络机制，借助 HSE 例会与各参建单位充分沟通并集中解决现场发现的各类环境保护问题。监理部开展环境监理的工作目标是：

（1）项目建设过程生态环境影响最小化；

（2）确保环境保护措施与主体工程建设进度相协调，设计、施工及验收满足"三同时"要求；

（3）各项环境保护措施符合环评及批复要求；

（4）实现各项环境保护要求与项目建设实际情况的协调统一；

（5）确保建设项目顺利通过环保专项验收。

在执行该项目环境监理任务过程中，我们总结了六大类管理经验和亮点。

### 5.1.1 明确分工，加强内部间的交流学习

环境监理项目部结合成员专业特长，根据该工程的工艺进行分区，分别成立相应的项目部，明确责任分工，发挥成员特长，充分调动成员工作积极性；石化项目由于涉及多套主体装置，产污点源较多，对应的环保措施也不尽相同，不仅需要专业知识，而且需要更多综合知识的积累，要求专业合作的程度高，因此项目部定期召开学习例会，加强化工与环保知识的交流融合，并结合现场实际情况，针对现场发现的问题，成员间群策群力，充分交流心得，做到知识共享，难点问题共同解决。

### 5.1.2 有针对性地编制巡视计划

本项目共计九十余个子项，涉及点多面广。各项目部的每个成员根据各自项目现场施工进度计划，每周有针对性地编制巡视计划，并将计划报项目总监批准，每个成员按照各自计划进行日常的巡视工作，将现场巡视情况及过程中发现的问题记录备案，并由项目总监签字审核，项目总监根据巡视计划与工作完成情况对每个成员进行考核。

### 5.1.3 由环境监理到环境监督角色转变

环境监理不同于工程监理，工程监理着重于建设项目本身的质量、进度和投资进行控制管理，代表建设单位对承建单位的建设行为进行专业化的监控；环境监理主要依据环境影响评价文件及批复，对项目建设过程中的环境保护进行监督管理。经过同该公司领导的多次沟通，以及环保部门的大力支持，确定了本项目环境监理的监督地位，对内强化对设计、施工等单位的内部环境监督和指导，确保环保设施和措施与主体工程建设的同步到位，对工程监理的质量控制行为进行监督；对外协调环保部门与建设单位，建立协调联动机制，召开联席会议，定期向环保部门汇报项目建设进展情况，发现的问题及时通过周报、月报报送环保部门。

### 5.1.4 重点环节设立停必检点

由于项目所在区域环境较为敏感，且当地地下水含水层以渗水性良好的卵石为主，渗透性强。据此，石化基地规划环评的审查意见要求必须采取最严格的地下水水污染防治措施，分区制定合理可靠的防渗方案。对此，本项目环境影响评价按照审查意见，在报告书中明确了地下水分区防渗原则，按照重点污染区、特殊污染区和一般污染区分别采取了不同的防渗方案。为确保工程质量受控，确定了储罐防渗施工、储罐区地坪防渗施工、地管防渗施工、地下水监测及应急抽水井施工、防渗混凝土水池施工、外排水管道施工、氧化塘施工、栈台防渗施工八大施工流程中的一些重点环节作为停必检点，在工程监理已经确认的前提下，再报环境监理进行现场复核确认，通过确认后方可进行下道工序的施工。

### 5.1.5 建立环保措施核查机制

环境监理工作的核心是确保建设单位按照环境影响评价文件及批复的要求，不折不扣地将环评中提出的各项措施严格落实下去。对此，项目部从项目建设中期就着手建立了环保措施核查机制，由技术人员负责统计出各个装置对应的环保措施，在片区负责人的带队下，协调设计、施工等单位，逐个核对现场落实情况。由于建设施工周期长，环保措施核查也是一项常态机制，随着工程的深入，环保措施核查工作也将贯穿工程的全过程。每一次核查结果，都将记录在案，在当期的周报中报送建设单位，及时提醒业主现场施工可能与环境影响评价要求存在出入的地方，并提出合理化的建议，必要时进行相应的整改或优化。

### 5.1.6　开展环境监理过程中发现和协调解决的典型问题

随着工程开展的深入，环境监理部人员也陆续组织协调解决了一些现场存在的问题，为该项目的顺利施工提供了帮助，为今后的项目运行打下了良好的基础。下面，我们将一些具有代表性的问题解决过程介绍如下：

（1）施工期生活污水问题的解决。由于本项目参建单位众多，参建人员在高峰期会达到 3 万人以上，各参建单位在厂外临设区域均建立了生活区，由此临设区会产生大量的生活污水与垃圾，公司按照环评要求在临设区边界修建了一座临时污水处理厂，环境监理部对运行情况进行了监管。前期运行过程中环境监理部发现，总管网进水口经常堵塞，且水量时大时小，进水水质也不稳定。对此，环境监理部对所有临设生活区进行了排查，发现部分单位排污管网未设置简单的隔离措施，且雨水管线直接接入污水管网，导致了管网堵塞，下雨时污水处理厂超负荷运行。为此，环境监理部要求各施工单位严格做到清污分流工作，并督促做好内部的教育，严禁垃圾倒入污水管网。目前，环境监理部对临时污水处理厂进行不定期的检查，并对水质情况进行现场检测，运营单位定期向环境监理部报送运行记录台账。目前，临时污水处理厂污水经处理后可达到《污水综合排放标准》（GB 8978—1996）一级标准的要求。

在线监测仪器

查看水质

（2）熬制沥青砂粉尘问题。监理人员在现场巡视过程中发现某罐区的沥青砂熬制设施在生产过程中未采取有效的环境保护措施，产生了大量的粉尘，对现场施工环境造成了一定的影响，且现场放置的油桶及机具设备存在不同程度的漏油现象。发现这一问题后，环境监理部立即向施工单位下达了整改通知单，要求其停工整改。在征求环境监理部的意见后，施工单位在原除尘系统排放口处增加一套喷淋设施，通过喷淋大大降低了排入空气中的粉尘，同时对油桶、机具设备下的含油泥沙进行了装袋处理，并在整个施工区域下铺设了塑料布，防止油污渗透入地下水。

油桶渗油浸入泥土

沥青砂排烟

增加喷淋系统

场地下铺设防渗膜及塑料布

（3）地下水监测及应急抽水工程优化。地下水监测及应急抽水工程作为厂区地下水水质动态监控与事故状态下的应急系统，是防止污染扩散的重要环节。环境监理部查阅相关地勘资料，结合污染防治区划分与地下水走势情况，认为厂区作为污染源头，一旦发生泄漏事故，影响严重，而厂外排污管线所含介质为污水处理厂出水，水质可达污水排放标准中一级标准，不会造成严重污染；同时根据污染防治区的划分，在重点污染防治区进行重点监测（即增加井的数量），对非污染防治区进行一般性监测，总的原则是根据污染能力强弱，调整监测井的数量，达到从源头控制地下水污染的目的。经过环境监理部与业主及总包单位协商，根据现场实际情况，对地下水监测及应急抽水系统中的井位的布置和数量进行了优化，目前厂区内井数由 78 口调整为 100 口，减少了厂外排污管线上监测井的数量，加强了厂区内的监控能力。

（4）防渗膜监理。防渗膜作为一种重要的防渗材料，被本项目所选用，主要用于重点污染防治区的储罐区、化学品库和装置区内排污管网的防渗，这在全国大型石化项目尚属首次，设计单位、施工单位、监理等均未有这方面的施工及管理经验。由于无经验可循，环境监理部多次对施工与过程监管进行了摸索，尤其是储罐环梁内泄漏孔与防渗膜的连接工法，多次经过与设计单位、施工单位的商议，决定采用自黏卷材内套 PE 管，外黏钢管内壁，最后 PE 管与膜进行焊接的方案，大大降低了泄漏液渗漏的可能。此方法在全厂所有储罐区进行了推广，并且广泛用于其他石化项目。

另外，环境监理部将防渗膜细部节点的安装、气压与电火花的检测等作为必检点，必须通过环境监理的现场检查，并且要在相关的隐蔽资料上进行签字确认。

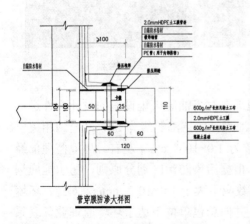

泄漏孔与防渗膜大样图

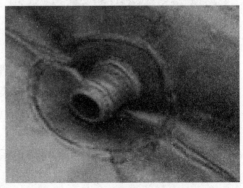

效果图

罐底防渗

管沟防渗

罐区地坪防渗

气压检测

（5）污水池抗渗等级提高。环境监理部在对炼油区火炬设施的设计文件进行检查的过程中发现，该设施中的污水收集池设计的抗渗等级为 S8，经查阅相关资料，S8 等级的抗渗混凝土的相对渗透系数为 $1.0 \times 10^{-8}$ cm/s 左右。环境监理部经过与总体设计院协调，并翻阅环评资料，根据污染防治区划分原则，污水池应划属为特殊污染防治区，混凝土相对渗透系数应不大于 $1.0 \times 10^{-12}$ cm/s。对此，环境监理部及时与业主及设计单位取得联系，并向总包单位下达了环境监理业务联系单，要求其提高抗渗等级，进行相应的整改。目前，现场已按照环境监理部的要求进行了整改。

（6）防渗混凝土工程管理。为提高防渗等级，降低污染物渗漏地下的可能，该工程选用了相对渗透系数不大于 $1.0 \times 10^{-12}$ cm/s 的抗渗混凝土作为重点污染防治区装置区地坪以及特殊污染防治区构筑物等区域的主要防渗材料，如此高抗渗等级的混凝土在全国使用属首次。环境监理部克服专业瓶颈，多次查阅相关资料，借鉴国外实用经验，并协调业主部门联系了全国混凝土领域的专家，指导工程防渗混凝土的选材与施工，其中对于原材料的送检、试块的制作、渗透系数的检测等过程在工程监理的见证下，环境监理部进行了全程监督。目前经过多次的试验筛选，商混站已确定了适合本项目防渗工程的原材料。对于本项目防渗混凝土的施工，环境监理部积极协助业主编制了防渗混凝土施工指导手册，用于指导各施工单位有关防渗混凝土施工。

试块制作　　　　　　　　　　　　　渗透系数检测

## 5.2 关于环境监理工作思考

从多种项目建设环境管理模式的尝试，到各类工作程序和方法的试行，在近些年来的环境监理工作实践当中，我们不断进行新的探索。伴随着每一个我们所经历的项目从开工到竣工验收，我们都会对建设项目环境监理工作有新的认识和体会。

以参与该项目建设为契机，我们在环境监理的管理模式上又进行了全新的尝试。在本项目中，项目环境监理部成为该公司 IPMT 中的专业化环境管理团队，这使得环境监理在项目中的角色也发生了变化，以往我们所承接的建设项目中环境监理工作，通常带有一定的半政府监督色彩，这使建设单位及施工单位在一定程度上对环境监理产生了戒备心理，阻碍了环境监理工作的顺利开展。在这个项目里，环境监理转变为业主的专业化管理团队，一是解决了环境监理难以融入项目建设管理体系的问题，使得环境监理在设计、施工及验收等建设过程都能够做到实时了解、及时掌握，成为工程建设的真正参与者。二是在充分发挥环境监理咨询、专业化管理职能的同时，也让项目建设管理体系内的异体化监督这种新的监督模式得到业主及政府管理部门的双重认可。

在环境监理的监督管理内容里，环境工程质量的监督管理一直是存在较大争议的一项工作内容。有些观点认为这不是环境监理的工作内容，其主要原因，一是此类工作有工程监理管理，在一定程度上有工作重叠之嫌；二是工程质量与环境保护关系不大。而在我们参建该项目之后逐渐认识到，施工期的环境工程质量应当作为环境监理的重要工作内容之一，因为环境工程的一些关键性原材料或施工过程质量是整个项目环境保护措施有效运行的基本保障之一；其次，在当今的建设项目管理体系之中，业主经常强调人人讲质量，这是为什么呢？我们认为这是因为他们是业主，在他们眼中工程质量是项目的生命，环境监理作为向业主提供服务的机构，理应站在业主的角度去看问题，去思考和解决问题；再者，一些工艺技术较为复杂，污染比较严重的建设项目的环评中提出的环境保护标准要求也会比较高，而现今的工程监理或质量监督仅以工程建设质量控制标准和规范作为判定依据，并不会主动顾及环境保护法律法规和技术标准的相关要求。环境监理的质量管理恰恰填补了这一空白，如本项目的防渗混凝土渗透系数要求远高于现今工程建设混凝土抗渗等级标准，而设计、施工及工程监理单位仅关注和监管抗渗等级指标，在环境监理发现这一问题后，积极与各设计单位进行沟通，使得一些设计单位首次破例将环境保护要求提出的渗透系数编入施工设计文件要求当中，在防渗混凝土原材料检测监督过程中，环境监理严把渗透系数质量控关，在防渗混凝土构筑物验收环节严把过程监督关，这样做不但没有与工程监理发生质量管理的重叠，反而弥补了现有工程管理体系中环境保护工程应当特有的环境保护质量指标具体落实过程的监管空白。综上所述，我们认为项目环境监理工作内容不应当纠结于讨论该不该管质量，而是应当深入研究哪些质量内容是环境监理应当管理的范畴，这些质量管理内容应当怎样去管。

# 金沙江溪洛渡水电站工程

中国水电顾问集团成都勘测设计研究院

　　建设项目环境监理工作在我国正处于蓬勃发展之势，开展环境监理的建设项目越来越多，环境监理单位和监理人员数量大幅增加。与此同时，随着建设项目环境保护管理要求和技术标准的进一步细化，建设单位对环境监理有了更多和更高的期望。如何适应和满足外部需求的变化，是环境监理较为急迫的问题。现阶段业内开展广泛、充分且深入的交流，对于在工作认识上进一步达成共识，在工作方式上取长补短、相互借鉴，同时准确向主管部门反映问题并提出工作建议，以促进环境监理的良性发展、满足现实工作需要，具有十分重要的意义。成都勘测设计研究院以金沙江溪洛渡水电站为案例，系统介绍水电工程环境监理工作情况，以及工作中的心得体会。

## 1 工程概况

### 1.1 工程简介

　　溪洛渡水电站是金沙江下游攀枝花至宜宾段、自下而上水电梯级开发的第 2 级。枢纽工程位于四川省雷波县和云南省永善县接壤的金沙江溪洛渡峡谷，电站装机容量为 13 860 MW，装机规模位居国内第二（仅次于三峡工程）、世界第三。电站枢纽主要由拦河大坝、泄洪消能设施、引水发电建筑物等组成。作为金沙江下游水电开发的第一期工程，于 2003 年开始筹建、2005 年开工建设、计划 2015 年全部工程完工。

　　溪洛渡水电站工程规模巨大，发电效益显著，动能经济指标优越。电站多年平均年发电量 575.5 亿～640.6 亿 kW·h（近期—远期）。电站的单位千瓦投资和移民指标低，综合技术经济指标优越，梯级补偿效益显著。

　　溪洛渡水库库容大，控制水沙能力强，水库淹没损失小。水库正常蓄水位 600 m，死水位 540 m，汛期限制水位 560 m。水库总库容 126.7 亿 m³，其中调节库容 64.6 亿 $m^3$。水库控制流域面积 45.44 万 $km^2$，约占金沙江总流域面积的 96%、长江宜昌以上流域面积的 47.8%。控制流域面积中多为金沙江的主要暴雨区和产沙区，故该水库控制了三峡入库水量的 1/3 和入库输沙量的 47.0%，其在长江上游综合治理中具有重要作用。

拦河大坝为混凝土双曲拱坝，坝顶高程 610 m，最低建基面高程 324.5 m，最大坝高 285.5 m，坝顶轴线长度 678.65 m。枢纽泄洪采取"分散泄洪、分区消能"的布置原则，在坝身布设 7 个表孔、8 个深孔与两岸 4 条泄洪洞共同承担泄洪任务，坝后设有水垫塘消能；发电厂房为首部地下式，分设在左、右两岸山体内，各装机 9 台；施工期左、右岸各布置有 3 条导流隧洞，其中左、右岸各 2 条与厂房尾水洞结合。

溪洛渡水电站具有"三高""三大"的工程特点，分别为高拱坝（285.5 m）、高水头（最大水头 220 m，机组额定水头 197 m）、高烈度（坝址区地震基本烈度为 8 度），大泄量（泄洪最高流量达 30 000 $m^3/s$）、大洞室群（世界最大）、大机组（最大单机容量 770 MW）。

## 1.2 工程特点

### 1.2.1 工程量大，施工强度高，污染物产生量大

溪洛渡水电站为大型建设项目，工程建设具有施工期长、施工人数多、施工区面积大、工程量大以及施工设备和施工方法较先进等特点。工程施工总工期达 12 年，高峰期施工人数达 2 万余人，施工封闭管理区 17.8 $km^2$，工程土石方明挖约 7 600 万 $m^3$，石方洞挖约 2 040 万 $m^3$，混凝土和钢筋混凝土 1 300 多万 $m^3$。

施工期间，污（废）水产生量大、排放强度高。污（废）水以砂石骨料加工系统废水、混凝土加工系统废水、机械修配系统废水、大坝混凝土浇筑和养护废水及生活污水为主，废水排放总量约 7630 万 $m^3$，施工高峰期日废水排放约 9.7 万 $m^3$。

工程油料及露天爆破炸药总用量约为 11 万 t 和 1.7 万 t，施工期燃油和露天爆破产生废气约 75 万 t。

平均施工人数为 1.8 万人，施工区生活垃圾日产量约 12.6 t/d，施工期生活垃圾总量可达 6 万余 t。

钻爆施工、机械作业、施工交通等是主要的噪声源，施工噪声最大值可达 100 dB 以上。

### 1.2.2 环境敏感对象多，保护目标要求高

枢纽工程施工区紧邻云南省永善县城，施工区及对外交通道路沿线分布有居民点、学校、医院等敏感目标；枢纽工程下游为以白鲟、达氏鲟、胭脂鱼、圆口铜鱼等珍稀特有鱼类为保护目标的长江上游珍稀特有鱼类国家级自然保护区，水工建筑物的阻隔、运行期下泄低温水、泄洪消能产生的过饱和气体等，将对珍稀、特有鱼类造成重大影响，工程及下游河段的水温、水质以及珍稀特有鱼类是重要敏感保护对象。

工程地处四川、云南两省水土流失重点治理区和重点监督区，是长江中上游水土流失重点治理区域，生态环境脆弱、水土流失严重。

在工程建设同时，须维护工程区域环境功能，保护长江上游珍稀、特有鱼类，维护长江上游珍稀特有鱼类国家级自然保护区的主要生态功能；实施水土流失综合治理，改善工程地区生态环境。

## 2 环境监理工作依据

溪洛渡水电站的环境监理工作的依据主要包括法律法规、技术规范及技术文件和合同文件三个方面的内容。国家及地方颁布的建设项目环境保护管理和环境监理相关法律法规是开展监理工作的法律依据，环境保护行业现行技术规范和标准以及《溪洛渡水电站环境影响报告书》《溪洛渡水电站水土保持方案报告书》和相关批复文件、环境保护设计文件等是实施监理工作的技术依据，合同文件包括工程的招投标文件、监理工作服务合同、施工承包合同等。

### 2.1 法律法规

（1）《中华人民共和国环境保护法》（1989.12.26）；

（2）《中华人民共和国水土保持法》（1991.6.29）；

（3）《建设项目环境保护管理条例》（国务院令第 253 号，1998.11.29）；

（4）《建设项目竣工环境保护验收管理办法》（国家环境保护总局令第 13 号，2002.1.1）；

（5）《四川省环境保护条例》（2004.9.24）；

（6）《关于开展水利工程建设环境保护监理工作的通知》（水资源[2009]7 号）；

（7）《关于在重点建设项目中开展工程环境监理试点的通知》（环发[2002]141号）。

## 2.2 技术依据

（1）《建设项目竣工环境保护验收调查技术规范　生态影响类》；

（2）《建设项目竣工环境保护验收技术规范　水利水电》；

（3）《溪洛渡水电站环境影响报告书》；

（4）《金沙江溪洛渡水电站"三通一平"等工程环境影响报告书》；

（5）《金沙江溪洛渡水电站渡口乡至新市镇辅助道路环境影响报告书》；

（6）《溪洛渡水电站水土保持方案报告书》；

（7）《关于金沙江溪洛渡水电站环境影响报告书审查意见的复函》；

（8）《关于金沙江溪洛渡水电站"三通一平"等工程环境影响报告书审查意见的复函》；

（9）《关于对金沙江溪洛渡水电站渡口乡至新市镇辅助道路环境影响报告书的批复》；

（10）《关于金沙江溪洛渡水电站水土保持方案的复函》；

（11）《金沙江溪洛渡水电站可行性研究报告—环境保护》；

（12）环境监理合同等相关文件。

# 3 环境监理工作模式、内容、方法及效果

溪洛渡水电站工程 2003 年 8 月开始筹建,成都院受建设单位委托承担溪洛渡水电站工程建设期环境监理工作,于 2004 年进场全面开展工作。

## 3.1 创新环境监理机构设置模式，健全工程环境管理体系

溪洛渡水电站工程启动环境监理工作时，时逢我国开展环境监理试点工作初期，尚缺乏工程环境监理规范和可借鉴、成熟的环境监理经验。参照建设监理有关的规范要求，充分考虑环境保护的特殊性，我们在工作模式、监理程序、工作制度和监理工作方式等方面，进行了新的尝试。

按照传统的工程建设管理模式，建设单位缺乏专职环境管理机构和人员，环境监理在工程管理中往往无对接部门，同时，环境监理也让工程监理难以适应，加之项目环境管理界面划分不清，工程环境管理流程混乱，致使环境监理在工程管理体系中"上不着天、下不着地"，环境监理指令无法得到预期响应，工作开展极为被动。

为了打通环境管理的关键环节，提高环境管理体系的运行效率，充分发挥环

境监理的作用，通过总结，成都院在溪洛渡水电站工程中提出环境监理"管理＋监理"双重职能的大胆设想，并在建设单位的支持下予以实施：即在业主组织机构内部设置"工程环境与水土保持管理中心"，该中心与环境监理合署办公，且主要工作人员均是环境监理人员，也就是常说的"一班人马、两块牌子"的机构设置模式，从而使环境监理人员在工作中具有了监理和业主的双重身份。实践证明，该模式能有效化解工程监理与环境监理之间在职责划分、权限划分等方面的矛盾，避免了环境监理与建设监理之间可能存在"监理单位"管理"监理单位"的尴尬局面。同时，提升了环境监理的工程管理地位，并赋予了环境监理较大的工作权限，使其能及时处理工程建设中的环境影响问题，最大限度推进环境监理和环境管理工作，收到了良好的工作成效。

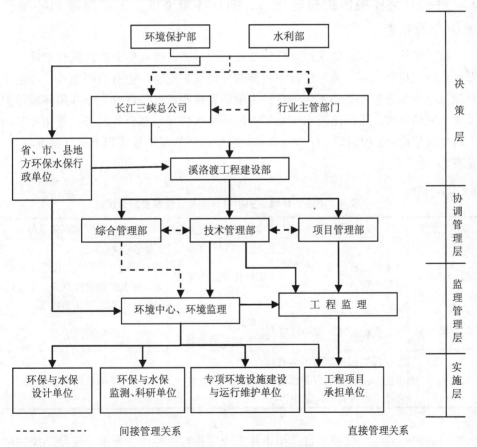

**图 1　溪洛渡工程环境保护管理体系**

环境监理在工程管理体系中的位置确立后，环境管理体系得到了有效完善，配套以管理制度，体系运转有序。结合溪洛渡水电站工程环境保护与水土保持工作特点、管理要求，以及建设单位自身的机构设置和人员配备等情况，采用了环境监理与业主环境管理中心人力资源共享、按不同的工作对象和工作内容界定两者的工作职责等，并在此基础上建立了业主单位统一组织、参建单位分工负责的分级环境保护管理体系，体系包括决策层、协调管理层、监理管理层和实施层。体系内各单位的职责在相关合同以及业主制定的《溪洛渡工程施工区环境保护管理办法》等规章制度中予以明确。与此同时，溪洛渡工程全方位、全过程主动接受各级环境保护行政主管部门的监督检查和指导。

## 3.2 恰当分类环境保护措施项目，细分环境监理、工程监理和环境管理中心的职责

按照设计文件，水电工程环境保护措施项目多、涉及专业广，既有专项环境保护设施、也有必须在施工过程中实施的环境保护措施，还有科研项目、环境监测项目以及综合管理类的工作项目。为便于管理和通过管理有利于各项环境保护措施的有效落实，将溪洛渡水电站工程的环境保护项目划分为三类，并在此基础上对建设单位、工程监理、环境监理单位之间的环境保护管理职责进行明确划分，见表 1。

**表 1　溪洛渡环境保护项目分类及管理职责划分情况**

| 项目类型 | 项目界定原则 | 监理主体责任单位 | 监督管理主体责任单位 |
| --- | --- | --- | --- |
| 第一类项目 | 随主体工程一并发包的环境保护项目 | 工程建设监理单位 | 环境管理中心。参加招标文件审核、投标文件审查、施工组织设计审查、施工过程监督检查、完工验收等 |
| 第二类项目 | 独立成标的环境保护项目 | 环境监理单位/工程监理单位 | 环境管理中心 |
| 第三类项目 | 专项环境保护项目的运行维护、工程环境保护综合管理、对内对外沟通协调 | 环境监理单位 | 环境管理中心 |

（1）第一类环境保护项目：指主体工程中具有环境保护和水土保持功能的项目，以及主体工程施工过程中应采取的预防和控制环境影响的措施，包括各主体工程标内的废水处理措施、弃渣处置措施、环境空气保护、声环境保护、生活垃

圾处理、人群健康保护、文物古迹保护等。该类项目不具备独立成标的条件，随主体施工项目一并发包和实施。

按照溪洛渡水电站环境影响报告书及其审批意见、水土保持方案报告书及其审批意见，结合本工程的环保、水保措施项目发包的情况，与土建工程一并发包的专项设施项目包括22项，见表2。

**表2　溪洛渡水电站第一类环境保护项目**

| 序号 | 监理工程项目 |
| --- | --- |
| 1 | 对外交通道路水土保持工程措施修建 |
| 2 | 对外交通道路污染控制 |
| 3 | 生活供水系统建设 |
| 4 | 大戏厂人工砂石加工系统 |
| 5 | 黄桷堡人工砂石加工系统 |
| 6 | 塘房坪粗骨料加工系统 |
| 7 | 马家河坝砂石加工系统 |
| 8 | 大坝高线混凝土系统生产废水处理设施修建 |
| 9 | 大坝低线混凝土系统生产废水处理设施修建 |
| 10 | 黄桷堡混凝土系统生产废水处理设施修建 |
| 11 | 左岸厂房中心场下游混凝土系统生产废水处理设施修建 |
| 12 | 右岸厂房溪洛渡沟混凝土系统生产废水处理设施修建 |
| 13 | 塘房坪机械修配系统生产废水处理设施修建 |
| 14 | 中心场机械修配系统生产废水处理设施修建 |
| 15 | 溪洛渡沟口机械修配系统生产废水处理设施修建 |
| 16 | 癞子沟渣场水土保持工程措施建设 |
| 17 | 黄桷堡渣场水土保持工程措施建设 |
| 18 | 马家河坝渣场水土保持工程措施建设 |
| 19 | 豆沙溪沟渣场水土保持工程措施建设 |
| 20 | 溪洛渡沟渣场水土保持工程措施建设 |
| 21 | 塘房坪渣场水土保持工程措施建设 |
| 22 | 施工生活区水土保持工程措施建设 |

（2）第二类环境保护项目：可以单独成标和发包的环境保护专项设施建设、监测项目和研究项目。包括环境保护和水土保持专项工程的建设、环境监测和水土保持监测、环境保护和水土保持研究课题等。专项环境保护和水土保持项目，也可称环境保护和水土保持专业项目，如生活污水处理工程、生产废水处理工程、

生活垃圾处理工程、景观及绿化工程等。专项工程建设可以独立成标是此类项目的突出特点。

第二类项目包括：4 处生活污水处理设施的建设和安装、1 处垃圾填埋场的建设以及包括 10 个项目的施工区生态恢复工程，见表 3。

表 3　溪洛渡水电站第二类环境保护项目

| 序号 | 监理工程项目 |
|---|---|
| 1 | 花椒湾生活污水处理设施的建设及设备安装 |
| 2 | 杨家坪生活污水处理设施的建设及设备安装 |
| 3 | 黄桷堡生活污水处理设施的建设及设备安装 |
| 4 | 业主营地生活污水处理厂 |
| 5 | 生活垃圾填埋场建设 |
| 6 | 施工区生态恢复 |
| 6.1 | 癞子沟渣场水土保持植物措施建设 |
| 6.2 | 黄桷堡渣场水土保持植物措施建设 |
| 6.3 | 马家河坝渣场水土保持植物措施建设 |
| 6.4 | 豆沙溪沟渣场水土保持植物措施建设 |
| 6.5 | 溪洛渡沟渣场水土保持植物措施建设 |
| 6.6 | 塘房坪渣场水土保持植物措施建设 |
| 6.7 | 施工生活区水土保持植物措施建设 |
| 6.8 | 场内公路水土保持植物措施建设 |
| 6.9 | 对外交通道路水土保持植物措施修建 |
| 6.10 | 业主营地绿化 |

（3）第三类环境保护项目：已建成的环境保护与水土保持专项设施运行维护类项目以及环境保护综合管理类项目、对内对外的关系协调等。对外，与政府相关主管部门沟通、协调及办理相关手续；对内，各参建单位环境保护事务的管理和工作协调。

按照以上项目分类和工程环境管理体系情况，环境管理中心具备对工程所有项目环境保护工作事宜的管理权；环境监理可独立承担部分第二类项目的监理工作，特别是其中的生态恢复类措施。环境管理中心和环境监理承担第三类项目的监理与管理工作，同时承担对第一类项目的监督、检查责任。

应特别指出的是，环境监理在工作中可对施工承包商的环境保护工作事宜直接行文。从工作程序的合理性出发，对于工程监理合同项目的环境保护工作，溪洛渡环境管理行文流程采取：环境监理指出问题并向环境管理中心提出处理建议→环境管理中心向工程监理下发工作联系单→工程监理向承包商下达工作指令。

溪洛渡水电站第三类环境保护项目主要包括：环保水保设施的运行维护、排污费核定、环境监测管理、水保监测管理、施工区环境管理等综合管理工作。综合管理对象为本工程所有参与单位，包括施工单位、运行单位、监理单位、设计单位、服务单位和业主。该类项目共有36项，见表4。

表4 溪洛渡水电站第三类环境保护项目

| 序号 | 监理工程项目 |
|---|---|
| 1 | 生活供水水源地保护 |
| 2 | 供水系统运行 |
| 3 | 施工生活区旧址清理和消毒 |
| 4 | 生活区传播媒介杀灭 |
| 5 | 公共卫生设施建设 |
| 6 | 餐饮场所卫生清理和人员健康检查 |
| 7 | 工区环境卫生清洁 |
| 8 | 施工人员进场前卫生检疫 |
| 9 | 大戏厂砂石骨料生产废水处理设施运行 |
| 10 | 黄桷堡砂石骨料生产废水处理设施运行 |
| 11 | 塘房坪砂石骨料生产废水处理设施运行 |
| 12 | 中心场砂石骨料生产废水处理设施运行 |
| 13 | 大坝高线混凝土系统生产废水处理设施运行 |
| 14 | 大坝低线混凝土系统生产废水处理设施运行 |
| 15 | 黄桷堡混凝土系统生产废水处理设施运行 |
| 16 | 左岸厂房中心场下游混凝土系统生产废水处理设施运行 |
| 17 | 右岸厂房溪洛渡沟混凝土系统生产废水处理设施运行 |
| 18 | 垃圾填埋场运行维护 |
| 19 | 塘房坪机械修配系统生产废水处理设施运行 |
| 20 | 中心场机械修配系统生产废水处理设施运行 |
| 21 | 溪洛渡沟口机械修配系统生产废水处理设施运行 |
| 22 | 黄桷堡生活区生活污水处理设备运行 |
| 23 | 花椒湾生活区生活污水处理设备运行 |
| 24 | 杨家坪生活区生活污水处理设备运行 |
| 25 | 业主营地生活污水处理设备运行 |
| 26 | 施工区降尘设施运行 |
| 27 | 降噪措施实施 |
| 28 | 生活垃圾填埋场运行 |
| 29 | 预防免疫及疫情控制 |
| 30 | 供水水质监测 |

| 序号 | 监理工程项目 |
|------|------------|
| 31 | 施工废水和地表水监测 |
| 32 | 生活污水监测 |
| 33 | 环境空气监测 |
| 34 | 噪声监测 |
| 35 | 人群健康监测 |
| 36 | 水土保持监测 |

## 3.3 全面明确环境监理工作内容，确定合理的工作目标

溪洛渡水电站工程建设期超过10年，先后经历筹建期、主体工程施工期、工程完建期共三个阶段，不同阶段工程建设的主要内容有所不同，相应的环境保护工作内容也有所变化。

**表5 溪洛渡水电站工程各建设阶段主要建设任务及环境保护工作内容**

| 内容\阶段 | 工程主要建设内容 | 主要环境保护工作 | 环境监理主要工作内容 |
|------|------|------|------|
| 工程筹备阶段 | (1) 施工占地区征地及移民；<br>(2) 前期办公、生产生活经营地建设；<br>(3) 场内外交通工程施工；<br>(4) 施工通信及供电设施建设；<br>(5) 其他施工辅助设施建设；<br>(6) 导流工程施工 | (1) 建立环境保护管理体系（包括引进环境监理机制）；<br>(2) 督促参建单位建立环境保护管理体系、制定配套管理制度；<br>(3) 落实环境保护后续设计工作；<br>(4) 按"三同时"要求，适时建设专项环境保护工程和设施；<br>(5) 组织落实项目环评及水保方案报告相关措施；<br>(6) 按"三同时"要求，开展合同项目的环境保护验收工作；<br>(7) 定期向行政主管部门报告工程建设环境保护工作情况 | (1) 编写综合监理细则和专项监理细则；<br>(2) 制定管理办法；<br>(3) 协助业主开展设计管理；<br>(4) 承担专项项目建设监理；<br>(5) 对第一类项目实施监督管理；<br>(6) 参加合同项目验收管理；<br>(7) 综合管理 |
| 主体工程施工阶段 | (1) 截流；<br>(2) 大坝工程施工；<br>(3) 厂房工程施工；<br>(4) 引水工程施工；<br>(5) 第一批机组安装、调试、运行 | (1) 完善环境保护管理体系和管理制度，并切实运行；<br>(2) 按"三同时"要求，落实环境保护后续设计、措施实施和完工验收工作；<br>(3) 开展环境保护科研、监测等工作；<br>(4) 定期向行政主管部门报告工程建设环境保护工作情况；<br>(5) 开展环境保护阶段验收：截流前验收、蓄水前验收 | (1) 参与招标设计审查、招投标文件审查；<br>(2) 审核施工组织设计；<br>(3) 承担专项项目建设监理；<br>(4) 过程检查与控制；<br>(5) 合同项目验收管理；<br>(6) 专项设施运行维护监理管理；<br>(7) 综合管理；<br>(8) 协助业主开展阶段验收 |

| 内容 阶段 | 工程主要建设内容 | 主要环境保护工作 | 环境监理主要工作内容 |
|---|---|---|---|
| 工程完建阶段 | (1) 大坝工程施工；(2) 厂房工程及发电机组安装；(3) 下游河道整治和岸坡处理；(4) 其他收尾工程 | (1) 完善环境保护管理体系和管理制度，并切实运行；(2) 按"三同时"要求，落实环境保护后续设计、措施实施和完工验收工作；(3) 开展环境保护科研、监测等工作；(4) 定期向行政主管部门报告工程建设环境保护工作情况；(5) 开展环境保护与水土保持竣工验收 | (1) 前阶段工作的延续；(2) 组织开展环境保护初验；(3) 协助业主开展竣工验收；(4) 开展工作总结，编写监理总结报告；(5) 归档环境监理资料 |

环境监理既要准确掌握各阶段环境保护主要工作内容，也要掌握在环境保护项目分类管理思路下对应各类项目的工作内容。

表6　溪洛渡水电站工程各类环境保护项目对应环境监理工作内容

| 环境保护项目类别 | 环境监理主要工作内容 |
|---|---|
| 第一类环境保护项目 | (1) 参加招标文件审查；(2) 答复承包商、建设监理向环境监理提出的建议和意见；(3) 现场巡查，记录现场问题，现场拍照或录像；(4) 向业主反馈施工中发现的环境问题，提出整改建议；(5) 环境信息收集和统计，信息管理；(6) 参加完工验收 |
| 第二类环境保护项目 | (1) 设计管理：设计文件审查、核查设计变更、签发设计文件、组织设计交底；(2) 采购管理：招标文件审查、采购合同管理、进度监督、设备设施进场验收；(3) 施工管理：招投标管理、进度控制、质量控制、投资控制、安全监督、协调管理、验收管理、信息管理；(4) 咨询服务 |
| 第三类环境保护项目 | (1) 专项项目运行维护监理管理：制定运行维护制度、协助业主选择运行维护单位、日常检查、运行资料收集、运行问题处理；(2) 监测及科研管理：审核方案、合同管理、质量管理、进度管理、监测和科研成果的应用、信息档案管理、成果验收；(3) 施工区人群健康及环境卫生管理：卫生检验、预防免疫、疫情控制、疫情建档、公共卫生设施建设与管理、旧址消毒与清理、日常检查、信息管理；(4) 排污费管理：掌握政策法规、组织施工单位统计排污量、填报申报表、计算排污费；(5) 综合事务协调管理：对内对外协调、组织开展专项检查和配合各级行政部门工作检查和执法检查、宣传与培训；(6) 验收管理：截流验收、蓄水验收、竣工验收 |

在明确了工程环境监理的工作内容后，我们把环境监理的工作目标定位为：

（1）协助建设单位建立工程环境保护管理机构、健全工程环境保护管理制度，协助建设单位对工程实施有效的环境保护管理。

（2）准确掌握工程环境保护动态，为建设单位提供科学、合理的环境保护工作建议，对监理管理对象的环境保护行为实施持续的监督并提供技术支持，使工程建设各项目、各阶段的环境保护措施实施状况满足环评文件、水保方案及后续设计文件的要求、相关法律和政策法规的规定。

（3）建立工程环境保护信息系统，全面、准确、客观记录和反映工程环境保护设计、研究、措施、效果和存在的问题，为工程阶段验收和竣工验收积累信息资料；通过对基础信息的统计分析，向工程建设单位和相关各方提出环境保护工作建议，使工程环境保护工作处于良性状态。

## 3.4 环境监理工作程序、主要工作方法及制度

### 3.4.1 工作程序

在溪洛渡水电站工程环境监理工作中，我们制定了从环境监理投标到完成合同工作后离场的一般监理程序，并结合环境保护措施项目分类管理思路，还逐步形成了适应项目工作状况的工作程序，主要包括以下几个方面：

（1）进场前，环境监理招投标阶段，编制完成环境监理规划。

（2）签订监理管理服务合同，明确工作内容、职责与权限。

溪洛渡水电站环境监理规划

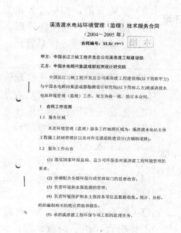

溪洛渡水电站监理管理服务合同

（3）组建溪洛渡水电站现场监理机构，确定总监人选、根据工作需求选派合适的监理工程师。

环境监理主持制定本工程环境保护管理办法，由业主颁布实施；并督促各单位建立环保机构、制定环保制度、落实专兼职人员。

溪洛渡水电站环境管理办法

环境管理中心成立文函

（4）组织学习工程环评及批复文件、环境保护设计文件，相关政策法规，工程管理制度。

（5）进场后，按照环境监理规划、工程建设进度，编制环境监理综合项目监理实施细则。

（6）对承担的生活污水处理厂、绿化工程、渣场防护工程等专项环境保护和水土保持项目的建设监理工作，编制各项目的监理细则。

（7）根据监理细则和合同要求，开展施工期环境监理与综合管理工作、专项工程的建设监理。

在溪洛渡水电站工程施工期，独立承担了施工区4个生活污水处理厂、施工区生活垃圾填埋场工程、全部绿化工程项目的建设监理工作。

按照合同文件和工程环境保护管理要求，全面开展环境保护综合管理工作。现场管理是重要的工作内容，施工过程中环境保护管理流程见图2。

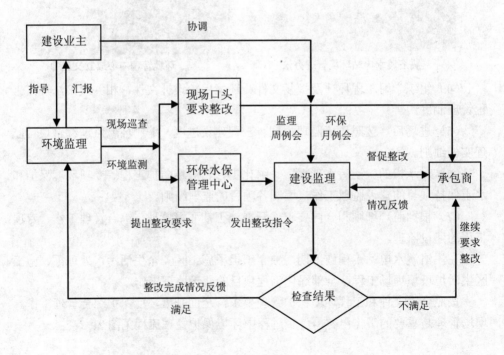

溪洛渡水电站封闭管理区及对外交通施工区工程环境监理

监 理 细 则

中国水电顾问集团成都勘测设计研究院溪洛渡环境监理项目部

2005 年 4 月

溪洛渡水电站施工区生活垃圾填埋场工程

监 理 细 则

（合同编号：）

溪洛渡水电站环保监理项目部
二〇〇五年一月

图 2　施工过程环境保护管理流程

污水处理厂建设监理

污水处理厂建设旁站监理

苗木进场验收

绿化工程监理

查看污水处理厂运行记录

现场检查环保措施运行效果

（8）参与工程合同项目完工验收，签署环境监理意见。

（9）协助业主组织开展工程环境保护和水土保持阶段验收和竣工验收。

（10）环境监理工作总结，向业主移交监理档案资料。

### 3.4.2 主要工作方法

综合环境监理与管理的工作内容、工作目标、工程管理体系等实际情况，以及溪洛渡工程环境影响和环境保护工作要求，我们采取了以下主要监理工作方法：

（1）文件及报告。以书面通知、监理审查意见、监理批复、监理审签等监理管理文件形式，对施工过程中的环境影响问题和环境保护工作进行全过程、全方位管理；以专题报告形式，向业主及时反映突出的环境影响问题以及相应的完善建议。

（2）巡视检查。对工作面、环境敏感目标、环保设施开展密切的日常巡视检查，动态掌握工程建设和环保状态，发现问题、处理问题。

（3）旁站监督。在承担专项工程建设监理期间，对重要工序、隐蔽部位的施工采取现场旁站监理；对存在环境问题的施工活动、设施运行，一定时段内进行现场旁站监督。

（4）环境监测。为及时掌握工程环境监测成果，指导改进环境保护工作，同时也可以通过监测促进环境保护工作。

在委托相关单位按设计文件规划内容开展环境监测和水土保持监测的同时，环境监理利用便携式监测设备仪器，可跟踪监测污染源、敏感目标的环境状况，作为跟进工作的依据。

环境监理将利用这些监测成果检验污染物治理状况、施工区及影响区域环境质量状况，并适时提出合理调整环境保护措施方案建议。

（5）专家咨询。工程环境保护涉及知识面宽，工程建设中环境影响可能出现与预测评价不一致的情况，相应的环境保护措施的调整和优化需要专家团队提供技术支持。同时，环境监理尚处于探索阶段，工作方法、工作程序等方面也需要与各方专家开展研讨和总结，因此针对施工过程中环境影响控制的难点和重点，请专家进场开展咨询服务，以提高环境监理工作质量。

（6）工作记录。坚持以日志形式做好工作记录，详细记录工作内容、现场状况、问题及处理方法和处理结果。

（7）调查与协调。对工程参建单位之间的环境争议、施工扰民的环境纠纷、环境事故等，开展细致调查、协调处理。

（8）工作汇报。编制定期工作报告，向监理机构的上级部门、建设单位汇报工作开展情况，反映存在的问题，提出工作计划。

### 3.4.3 主要工作制度

（1）早期介入制度。

1）参加工程各项目招标设计、招标文件、合同文件、施工组织设计及技术方案中环境保护与水土保持内容的审查，结合工程实际和环保要求提出修改完善意见。

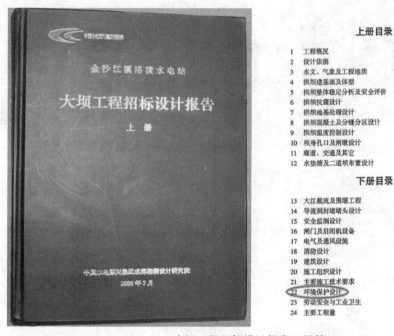

大坝工程招标设计报告环保篇

2）协助建设单位开展环境保护与水土保持后续设计和深化设计的委托工作；协助并参与制定工程环境保护、水土保持的各项专题规划和实施计划；检查设计进度，协助、参与设计成果的验收、审查。

溪洛渡水电站施工期内环境监理协助业主积极组织开展后续设计和深化设计工作，主要包括施工区绿化规划设计、环境保护总体设计报告、对外交通道路工程环评和水保方案、应对水电站下游低温水影响的叠梁门分层取水设计、工程环境保护措施变更报告等。

总体设计报告

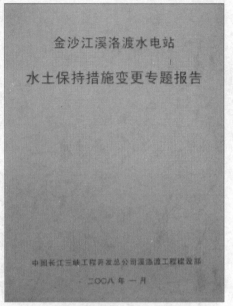

环保措施变更专题报告

施工区绿化总体规划设计报告

对外交通道路工程环境影响报告书

3）督促参建单位建立管理体系、健全管理制度。

（2）环境保护巡查制度。工地现场巡查是环境保护管理工作的重要手段，包括定期巡查和不定期巡查（突击巡查）相结合、明查和暗查相结合、单独巡查及会同工程建设监理共同巡查相结合的巡查方式。

在溪洛渡水电站环境监理工作中坚持每周 2～4 次的日常施工区环保巡查,掌握施工动态,对于巡查中发现的问题,及时通报相关单位,提出整改要求或解决方案。通过环保中心将整改要求发至工程建设监理,由工程建设监理负责组织落实。

初生区全景

绿化运行维护

现场巡查记录

处罚通知　　　　　　　　工作联系单

（3）日常工作记录（环境监理日志）制度。监理日志是工程环境监理单位最重要的原始工作资料之一。监理日志重点记录施工区环境保护巡视检查情况、当天发生的重大事项及收发文、参加会议情况等工作完成情况，以及现场人员及天气情况等。

当天工作结束后，监理人员交流当天工作情况，信息汇总后由专人统一填写监理日志，相关人员对记录内容进行补充和完善。

监理日志

（4）会议制度。

1）定期主持召开环境保护工作例会。

2）配合业主主持召开工程年度环境保护工作会议。配合业主编制年度环境保护工作目标、计划，召集全体参建单位参加，必要时可邀请地方行政主管部门、环境保护设计单位参加，提出当年度环境保护工作重点，对相关工作进行部署，会后形成会议纪要（含年度环境保护工作计划分解表）。

3）主持环境保护专题会议。根据工作需要，针对重大环境问题，召开有关单位和部门参加的环境保护专题会议，共同协商解决方案，对相关工作作出部署。会后形成会议纪要，及时送相关单位和部门。

4）参加建设部及监理主持的工作例会。参加工作例会及其他相关会议。环境监理应重点指出近期施工中环境保护措施实施方面存在的问题，提出相关要求，由建设部主管项目部及监理督促施工单位整改落实。

5）定期召开内部会议。定期内部工作周例会，由现场负责人主持、全体工作人员参加，近期工作情况进行总结、交流、提出建议和意见，并安排下一阶段主要工作计划。

**技术讨论会**

（5）培训及宣传制度。宣传培训宜采取分级开展宣传培训的实施方式：环境监理和业主组织的宣传培训、建设监理承担对承包商的环境保护和水土保持宣传培训、承包商结合施工项目环境影响和环境保护措施要求对全体施工人员开展相关知识培训和法律法规宣传。

在溪洛渡水电站建设过程中环境监理开展了方式灵活、注重实效的宣传与培训，并全面实施了分级培训的模式。其中，工程环境监理和建设单位组织的宣传培训，施工区所有参建单位的相关负责人参加；承包商则以全体施工人员为培训对象，结合施工项目环境影响和环境保护措施要求开展相关知识培训和法律法规宣传。另外视工程建设实际情况，还专门邀请环境保护和水土保持专家参与工程环保水保的专题宣传和培训。

世界环境日宣传

施工现场宣传标语

环境保护专题培训

宣传手册

　　（6）定期工作检查与考核制度。为规范各参建单位的环境保护行为，督促各参建单位严格履行合同中规定的环境保护与水土保持义务，促进工程各项环境保护与水土保持措施的落实，环境监理（环境管理中心）负责组织施工区环境保护联合大检查，并结合检查结果对监理单位、施工单位进行考核，考核结果抄报业主。环境保护专项考核结果是建设监理单位、施工单位参加工程季度、年度环境保护评优评先的重要依据，同时也是综合评优评先活动的重要依据。

　　在对建设监理和施工单位进行检查和考核的同时，环境监理也应接受业主的工作检查和考核。

现场检查

综合考评

（7）环境保护验收制度。为加强工程建设过程中的"三同时"工作，并通过验收促进施工合同项目中的环境保护和水土保持措施的落实，同时也为工程阶段验收和竣工验收阶段的环境保护及水土保持验收工作打下良好基础，溪洛渡环境监理制定了工程环境保护验收管理办法，对施工合同项目开展合同项目环境保护"三同时"验收，并参与环境保护和水土保持完工验收。

验收管理办法　　　　　　完工验收施工报告

完工验收监理报告　　　　截流验收专题报告

（8）工作报告制度。工作报告是工程建设环境保护管理的一项重要内容，包括工作月度报告、季度报告、半年度报告、年度报告。通过报告定期向建设单位及行政主管部门全面、系统汇报工程环境保护与水土保持工作，系统总结和反映工程环保工作状态；同时按照行政主管部门和建设单位要求以及工作需要或针对突出环境问题，不定期编制专题工作报告。

定期工作报告

关于二坪场区污水排放处理方案的报告

建设部：

根据公共项目部向建设部报送的《关于二坪污水排放方案的报告》及领导批示，环保中心对二坪场区的污水排放状况进行了较详细的调查，并依据调查情况提出了二坪场区污水排放处理建议。

一、二坪场区污水排放情况

二坪场区排污单位及污水排放的主要情况见表1：

表1　二坪场区人员布置及污水排放估算表

| 项　目 | 目前居住人数（人） | 预计高峰人数（人） | 高峰期污水排放强度（m³/d） | 持续时间（年） | 污水排放及处理情况 |
|---|---|---|---|---|---|
| 二坪民工营地 | 1060 | 1458 | 382.14 | | 经化粪池引入配地化粪处...引入二坪民工营地化粪池 |
| 出渣竖井施工营地 | 140 | 150 | 39.32 | 2008-2012 | |
| 机电合作施工人员 | | 150 | 39.32 | 2009.5-2009.5 | 未进场，无规划 |
| 后期的钢管及厂及机电房人员 | | 20 | 5.24 | | 未进场，不容现场修生活营地 |
| 总　计 | 1200 | 1772 | 466.01 | | |

注：各营地污水排放表系依据2007年6月、7月二坪民工营地用水总量测算的污水产生量[0.262 1m³/(人·天)]进行计算。

表1中包含以下几个方面的情况：

专题报告1——关于污水处理

专题报告2——关于建筑垃圾处理

关于大戏厂料场环境影响治理情况的报告

建设部：

2008年6月27日，环保中心和公共项目部对大戏厂料场环保整改措施进行了检查，现将检查情况汇报如下：

一、已经采取的环保整改措施

1. 在1#弃渣场坡脚处已修建一道高2.0m的干砌石挡墙。

2. 在2#弃渣场内侧坡脚处挖潮一截水沟。

3. 在料场紧邻范围侧预留了一条10m的防护带，并增设了安全警示标志。同时清理了防护带内的浮渣和松动石块，把料场下方的橘园作为警戒点之一，分派安全员警戒橘园。

3. 钻孔作业时，采取钻孔内注水打钻措施，以降低钻孔作业产生的粉尘。

4. 在爆破作业前，采用人工对爆破区域实施洒水降尘的措施。

5. 在3#路内侧布置了洒水管道，对路面洒水降尘。

6. 已经签订购置洒水车协议，七月中旬洒水车到达工地，到时将利用洒水车对挖装过程和运输过程进行降尘。

7. 在爆破警戒区域内设置了一面石膏墙面，用于测试爆破震动对爆

专题报告3——料场污染治理

（9）环境信息统计制度。为了准确掌握环境保护与水土保持已实施的工程量和投资情况，必须开展持续的环境信息统计工作，同时也为工程环境保护与水土保持竣工验收积累了过程材料。

在溪洛渡水电站建设过程中环境监理制定了信息统计的具体要求，承包商按规定格式、规定时间向建设监理提交统计材料，经建设监理审核后函报环境管理中心（环境监理），环境监理负责统计信息的汇总分析，并在相关工作报告中予以反映。环境监理对统计信息进行汇总、分析时重点关注：资料是否齐全；汇总结果环比、同比后是否可信、与现场情况是否相符等。

中国长江三峡工程开发总公司
溪洛渡工程建设部文件

溪工建技字[2006] 号

关于进一步完善溪洛渡水电站环保措施实施现状统计工作的通知

溪洛渡水电站工程各监理单位：

为更全面和准确地掌握溪洛渡水电站工程环境保护和水土保持各项措施实施状况，并切实促进施工过程中环境保护和水土保持工作的有效开展，决定在前阶段工作的基础上进一步完善和加强环境统计工作。请各监理单位组织、督促各合同项目承包商按本通知指定统计表格格式分类进行填报，在填报工作中应作到不重、不漏。各监理单位须在每月10日前，将各合同项目的环境统计资料汇总后，函报溪洛渡工程建设部技术管理部（附电子文件），监理单位对所报送资料的全面性、准确性、真实性和及时性负责。

自发文之日起，使用本通知规定格式进行环境统计。

报送地址：建设部办公楼205室

E-mail：BG_77@163.com  wsyee@163.com

Tel：4546310、4546311、4546312、4546094（溪洛渡工程环境与水土保持管理中心）

**信息资料统计的通知**

金 沙 江 溪 洛 渡 水 电 站

**环境保护工作月报**

[2007年]第 004 期
总第 004 期

2007年7月26日～2007年8月25日

监理单位：二滩国际溪洛渡水电站工程监理部
报送日期：2007年8月26日

**建设监理环境信息统计及工作报告**

（10）环境事故应急制度。对可能出现环境污染的工程部位、施工辅助设施、施工环节，保持应有的预见性，并组织制定环境污染事件的预防和处理预案，督促施工单位和运行管理单位负责组织环境污染应急预案的演练。

（11）环境保护信息管理。环境信息形式一般有文字、音像、图片、电子文档等，由于环境监理信息来源多、信息量巨大、信息流程复杂、信息管理难度大，因而对信息管理进行制度化、规范管理十分重要。

溪洛渡水电站环境监理建立了环境保护信息管理体系，配置专门的管理人员、出台文件管理制度，重点就文件分类、编码、流程、归档等方面予以规定。对环境保护信息及时进行梳理、分析，将信息转化为决策依据，指导和规范现场监理工作。

档案管理办法　　　　　　　　　　　　档案存列状况

# 4　溪洛渡工程环境监理工作开展实例

## 4.1　第一类项目环境监理工作实例——大坝标环境保护综合监理

拦河大坝是溪洛渡工程的重要组成部分，大坝施工标中除坝体施工以外还含有：混凝土拌和生产废水、扬尘控制、噪声控制、生活垃圾及零星生活污水处理等多项环保相关的措施。此处以大坝混凝土拌和废水的环境监理为例简要说明第一类项目环境监理工作的主要工作流程。

溪洛渡大坝右岸高线混凝土系统是溪洛渡水电站大坝混凝土专用供应附属企业，隶属于溪洛渡大坝右岸工程，是溪洛渡水电站生产规模最大（系统生产能力600 m³/h）、废水产生量最大、废水处理难度最大（场地极其狭窄，原设计废水 SS 含量 10 000～20 000 mg/L）的混凝土拌和系统，也是溪洛渡水电站环保重点监控项目，施工阶段若无法合理对废水进行处理将存在较大隐患。

（1）环境监理在招标阶段的早期介入。针对上述情况，环境监理从项目招标阶段介入，严格把关，对项目招投标文件环保篇章进行审查（总承包项目自带环保方案），对系统生产工艺、废水处理等提出了环保专业角度的意见和建议，并要求合同内补充承包商"三同时"制度落实方面的承诺。

（2）在后续设计中参与协调和审查。合同签订后，环境监理督促承包商提交包含环境保护内容的《施工组织设计》，并组织业主、建设监理开展内部审查，对环保相关内容进行修改完善，同时要求承包商委托有资质的单位编制《环保水保措施设计及实施报告》。

收到《环保水保措施设计及实施报告》后，鉴于报告涉及专业面宽且较深，环境监理建议业主牵头组织参建各方，并邀请相关专家进行专项审查，对报告中的各项措施进行反复论证，结合工程实际情况，选择切实可行的、符合环保要求的施工方案和环保措施。

（3）施工过程中协调、监控，并根据施工调整情况提出改造建议。工程监理按照审查后的设计要求，对承包商措施实施予以监督，期间环境监理对开展过程中的技术指导，混凝土系统建成后，环境监理协助业主组织对环保设施进行专项验收。2008年，高线混凝土系统建成投入运行，其配套的废水处理设施也同步投入运行，废水处理设施设备主要包括集水池、特高浊除砂预沉器、平流沉淀池、斜管沉淀池、自动加药机、泥浆泵、清水泵、废渣池以及拌和楼冲洗废水沉淀池等，布置于大坝右岸 EL.610 m、EL.595 m 两级平台。废水处理系统建成运行初期，在环境监理的专业指导下，建立健全了废水处理系统运行管理制度，通过发送环境保护现场整改指令、违规违约处罚通知单以及召开专题会议的方式先后督促承包商对废渣池泥浆外渗污染路面、洗灌废水沉淀池清理不及时、自动加药机运行不到位等问题进行了整改，废水处理系统运行管理得以加强。

2009年8月，因施工调整，对原二次筛分冲洗装置进行了改造并增加了粗骨料的冲洗装置，加大了冲洗用水量，经测试废水 SS 含量将达到 14 万 mg/L 左右，特高浊除砂预沉器排泥阀时常淤堵导致废水处理系统运行情况效果较差。针对该问题环境监理及时会同业主相关部门、建设监理、承包商进行协调沟通，督促承包商提出针对性的改造方案，于 2009 年 8 月通过业主组织的专题讨论，新方案在原方案基础上，在二次筛分废水部位增加了 VDS512-4 细砂回收装置对高 SS 浓度原浆进行砂水分离，在沉淀池后增设 MGS-300 快速澄清处理设备对溢流出的废水进行澄清处理，同时采用 KLQ-240 高效快速沉淀装置对 MGS-300 快速澄清处理设备出水进行再次处理，经过几级处理后的废水全部进行回用。2010 年年初，新建成的废水处理设施正式投入运行。

（4）措施建成后加强运行管理的检查、巡视和考核。环保措施建成试运行期间，环境监理加大现场巡检频次，重点关注系统运行情况。2010 年 5 月，由业主组织，环境监理、建设监理及施工单位参加，召开了"高线混凝土系统废水处理设施处理工作会"，对新建的废水处理系统进行了全面检查和评估，认为该设施达到预期要求。

改造工程完成后大大缓解了系统废水处理压力，变自然干化为机械干化，废水经处理后进行回用，场内环境面貌得到很大改善，运行至今环境监测出水数据全部达标。

在该废水处理系统后续运行过程中，环境监理通过日常巡查、定期考核等手段处理系统运行中的各类问题，确保了该项目废水处理设施运行始终处于受控状态，满足工程水环境保护相关要求。同时根据实际情况及运行效果，督促施工单位不断优化调整，保障环保措施实施效果。

环境保护专项方案讨论会

悬崖上的高线混凝土系统废水处理设施

环境监理对运行记录的日常检查

环境监理对系统运行的日常检查

## 4.2 第二类项目环境监理工作实例

溪洛渡工程施工区生活垃圾填埋场位于金沙江右岸溪洛渡沟的出口段，分布在▽485 m—▽525 m 的溪洛渡沟沟谷中，工程总占地面积 118 000 m$^2$。生活垃圾填埋场设计堆存时间 13 a，累积生活垃圾填埋总量为 7.2 万 t，日接受垃圾量为15.0 t/d。以溪洛渡施工区生活垃圾填埋场监理为例简要说明第二类项目环境监理工作的主要内容。

（1）参与设计方案审查，提供合理化建议。环境监理在工程方案设计阶段，充分利用专业优势，参与工程选址、填埋工艺选择，通过对多种工艺方案的对比分析，最终确定了垃圾场场址及各种处理工艺。

在初期选址阶段，在全面考察施工区周边地形的情况下，根据容量和地形条件初步筛选出马家河坝场址、溪洛渡沟场址、雷波县二坪子场址、干沟场址四个预选场址，但都存在一定不足，其中溪洛渡沟场址和马家河坝场址相对条件较好。最后对四个预选场址进行地质条件、工程技术、环境影响、投资费用等多方面的分析比较，在场址综合比选过程中环境监理充分发挥熟悉现场条件的优势，积极参与其中，最终选定为溪洛渡沟场址。

工程采用国内较成熟、经济的厌氧填埋技术，斜坡作业法。环境监理结合当地气候干燥等自然条件提出垃圾填埋过程中按夹层式作业，填平一层后，覆土碾压后再进行上一层的垃圾堆填。

填埋场采用厌氧填埋技术，产生气体的主要成分为 $CO_2$ 和 $CH_4$。环境监理从施工区现有生活垃圾管理现状出发，提出本垃圾填埋场的垃圾多未经过分选、无机物含量高、甲烷产生量少的特点，同时考虑此填埋场规模小，无需发电和供热，废气收集与排放工艺选定为被动收集方式。

（2）针对性地解决施工技术难题。在项目实施阶段，环境监理以单元工程为基础、以工序控制为重点，进行全程跟踪监督。针对工程项目及施工特点，对坝体填筑、防渗体施工、集液池施工等重要部位及关键工序进行旁站监督。

该项目实施中存在一个施工难点，即防渗层的土工膜热熔焊接受环境温度影响较大。在 3—4 月，早晚温差较大，更增加了土工膜焊接施工难度。另一方面，在土工膜上部要铺设黏土保护层和碎石导流层，但要稳定地铺设保护层和导流层并且不能损坏土工膜，施工难度很大。

环境监理组织施工单位及时调整施工方案，通过多次试验，找到合适焊接温度，并通过增加土工膜热熔焊接设备，保证工程进度不受影响；在铺设黏土保护层和碎石导流层时，采用小型机械和人工施工相结合的方式，保证了下部已铺设土工膜不受损坏；同时，加强对现场的监管，通过工程措施和管理措施的双重优化，最终解决了施工难点，工程顺利实施。

（3）监理效果。工程顺利通过验收，已于 2005 年投入使用，填埋场计划于 2017 年封场，截至目前，施工区生活垃圾收运及填埋场运行状况良好。

生活垃圾填埋场防渗层施工

现场研究

旁站监理

生活垃圾填埋场完工面貌

## 4.3 第三类项目环境监理工作实例

溪洛渡水电站"三通一平"期间在右岸建设了三坪和花椒湾 2 座生活污水处理厂。其中，三坪污水处理厂设计处理能力 660 m³/d，主要满足收集处理三坪业主营地入住人员的日常生活污水；花椒湾污水处理厂，设计处理能力 1 440 m³/d，主要满足收集处理花椒湾施工营地（含民工营地）以及二坪警消营地等施工人员的日常生活污水。

2007 年 10 月，溪洛渡大坝项目逐渐进入施工高峰期，施工人员数量激增，原规划的花椒湾民工营地不能满足入住要求，随即建设单位修建了二坪民工营地，设计高峰入住人员 1 458 人，高峰期污水排放强度约 380 $m^3/d$。在营区管网规划中将该部分生活污水就近引入花椒湾污水处理厂实施处理。但环境监理在对花椒湾污水处理厂运行情况的日常检查中发现，2007 年 11 月后，花椒湾污水处理厂的污水处理量不断升高，新营地生活污水若也引入该处理系统，将超出该污水处理厂的设计处理能力。环境监理一方面组织运行单位优化运行模式，采取增加运行周期的措施，以提高污水处理能力，另一方面，环境监理发现同期三坪污水处理厂的平均处理生活污水约 220 $m^3/d$，尚有 440 $m^3/d$ 的处理能力可利用。

（1）环境监理结合日常监管成果，积极发挥自身优势提供合理化改造建议。环境监理对右岸三坪至花椒湾区域内的生活污水产生情况开展现场调查，对生活污水处理提出了改造意见。通过调查显示整个二坪施工场区产生生活污水量约为 480 $m^3/d$。针对二坪的生活污水有 3 种处理途径：

1）新建污水处理厂专门解决二坪场区生活污水处理问题。可满足花椒湾污水处理厂的日处理量不超负荷，但新建污水处理厂建安费用、后期运行费用相对较大，并且污水处理厂建安工期较长，初估施工期就达 5 个月，再加上前期的设计招标等，届时二坪场区污水排放的高峰期已过，因此从建设成本、时间的衔接方面考虑，新建污水处理厂有明显的不足。

2）将二坪场区生活污水全部引入三坪污水处理厂处理，按高峰期人数计算，则三坪污水处理厂污水总量为：480＋220=700 $m^3/d$，也超过其设计处理能力。

3）将二坪生活污水按一定比例分别排入三坪和花椒湾 2 个污水处理厂，考虑三坪污水处理厂的中水全部回用，生活污水尽量在该污水处理厂处理可提高水资源利用率，减少排放量，但前提是保证回用水水质。

在提高水资源利用率、减少中水排放量的前提下并充分利用现有处理设施资源，环境监理对上述 3 种处理方式进行综合比选，最终确定采用第 3 种方式，并以不超过三坪污水处理厂处理能力为控制原则，引部分二坪场区污水至三坪污水处理厂进行处理。二坪场区的部分生活污水可引至三坪污水处理厂的污水量为 420 $m^3/d$（含二坪民工营地、二坪出线竖井等入住人员），其余约 60 $m^3/d$（含二坪警消营地、二坪金属结构加工厂人员）仍引至花椒湾污水处理厂处理。编制了《关于二坪场区污水处理方案的报告》及《将二坪污水场区生活污水引入三坪污水处理厂的可行性及主要工程量估算报告》，报送业主经批准后积极配合施工单位落实改造措施。

（2）改造措施实施效果。改造措施落实后，环境监测部门对处理效果实施多次监测，监测数据表明经过改造后的生活污水处理厂满足生活污水处理要求，污水处理厂出水各项指标检出均满足规定标准。

专题报告提出合理化建议　　　　　　二坪场区污水处理改造现场查勘

# 5 环境监理工作经验及心得体会

## 5.1 关于工程环境监理定位的认识

环境监理是依据环境监理服务合同为建设单位提供环境保护、水土保持等专业技术服务的管理机构，是工程环境管理体系中现场管理的核心环节。环境监理借助其在环保专业及环境管理等业务领域的技术优势，引导和帮助建设单位有效落实环评文件和设计文件提出的各项要求，在建设单位授权范围内，协助建设单位强化对工程建设监理和承包商的指导和监督，有效落实建设项目"三同时"制度。

## 5.2 关于环境监理必要性的认识

### 5.2.1 "三同时"制度有效落实的重要保障

为了加强建设项目的环境保护管理，严格控制新的污染，加快治理原有的污染、保护和改善环境，国家先后颁布了《中华人民共和国环境保护法》《建设项目环境保护管理条例》和《建设项目竣工环境保护验收管理办法》等法律法规，确立了以环境影响评价和"三同时"制度为核心的建设项目环境管理的法律地位和管理体系，明确了建设项目管理程序和要求，从而使我国建设项目环境保护管理步入法制化管理轨道。

水电开发建设项目作为国民经济和社会发展的基础产业，自20世纪80年代后期开始，逐步建立和健全了环境技术管理和环境影响评价技术规范。1988年颁布了《水利水电工程环境影响评价技术规范》，1992年颁布了《江河流域规划环境影响评价规范》，2002年又修订颁布了《环境影响评价技术导则（水利水电工程）》。此外，于2009年颁布《建设项目竣工环境保护验收技术规范（水利水电）》。

在落实 "三同时"制度过程中，"同时设计"可依靠环境影响评价和相关设计规范加以保障和制约，"同时投入使用"也有竣工验收的相关法规和规范加以保障落实，唯独"同时施工"相应的监督管理手段还不完善，如何加强项目建设期的环境管理成为提高建设项目环境管理水平的关键问题。

水电工程对生态环境、社会经济环境影响范围广，影响的人口往往较多，环境影响持续时间长，同时外部环境对工程也同样施以巨大的影响。目前，社会各界对环境问题越来越重视，对环境质量要求越来越高，环境问题已成为水电工程建设中的制约性因素之一。如果在项目实施阶段不切实落实各项环保措施，不对施工活动加以规范，在建设项目竣工时，水电工程的建设可能已对环境造成不可逆转的破坏，公众环境利益得不到保护也可能会加深社会公众对工程建设的误解甚至引发为抵制行为。所以，重结果、轻过程的"沙漏型"环境管理制度不利于生态环境的保护和社会环境的和谐。因此，在现行法律框架内寻找一条针对水电工程施工期，能实现全过程、全方位环境管理的途径势在必行。

2002年10月13日，国家环境保护总局、水利部等六部委联合下发《关于在重点建设项目中开展工程环境监理试点的通知》，要求在生态环境影响突出的国家13个重点建设项目中开展工程环境监理试点。

经过近10年的环境监理工作实践，事实证明工程环境监理是一条将事后管理变为全过程跟踪管理、将政府强制性管理变为政府监督管理和建设单位自律的有效途径，它在减免工程建设对环境的不利影响、保证工程建设与环境保护相协调、预防和通过早期干预避免环境污染事故等方面都有重要的作用。

环境监理在环境保护方面所取得的成绩已经越来越被社会各界认可，水利部于2009年1月12日下发了《关于开展水利工程建设环境保护监理工作的通知》，将建设项目环境监理制度向全行业推广，环境监理已成为水利水电建设项目建设过程中不可或缺的重要参与者。

### 5.2.2 实施环境监理是建设单位开展专业性环境管理的需要

水电水利工程施工期环境保护具有点多面广，专业性、技术性和政策性强等特点，建设单位需要借助、利用社会监理机构的人力资源、技术和经验、信息以及测试手段，开展环境监理与环境管理。环境监理为建设单位提供技术和管理服务，也是工程环境管理最经济和有效的手段。

### 5.2.3 实施环境监理是实现工程环境保护目标的重要保证

工程建设期，水电水利工程将结合工程地质条件、场地条件，对工程施工布置、施工时序、部分辅助设施规模等进行不断优化调整，决定了施工期环境保护要求也应是动态变化并应及时优化调整，以符合实际需要。而基于前期设计成果形成的环评文件和水土保持方案，其环境保护措施设计的深度和进度就难以适应工程建设需要，诸多环保问题需要环境监理进行专业性的现场协调和解决，以保证工程环境保护符合相关要求。

受主、客观因素影响，工程参建单位环境保护意识及主动性可能存在不足或偏差，需要通过环境监理强化环保监督、宣传及环境管理。

工程有关环境保护大量的过程记录和信息，需要系统化和规范化管理，以利于环境保护工程竣工验收。

## 5.3 水电工程环保后续设计不断深入，有力支撑了环境监理工作的开展

水电工程由于建设周期长，涉及面宽，技术要求高，环保设计的深化有利于环境监理工作的有效开展。

近年来，在国家政策、社会监督以及环境监理的共同推动作用下，水电建设业主、设计、建设监理、承包商等参建单位环保理念与时俱进。主要表现在——水电工程后续设计工作开展越来越深入，包括水生生物保护措施、生产废水处理、生活污水处理、渣场防护设计、声环境保护措施等专项工程在水电工程建设过程中，逐渐走出并入传统主标的发包模式，专项设施独立成标，并由原环评也是设计单位进行了招标和施工图设计，有效地秉承了环评报告和审批文件的精神和要求。由于有了招标设计，环境监理能够在技术上监督招投标及合同阶段的文本条款对设计的落实；由于施工图明确了工程量，环境监理能够在项目实施阶段开展针对性的监督管理，并为项目竣工验收提供充分的技术依据。此外，水电建设项目传统主标中涉及的一系列环保水保工作在后续设计不断深化的形式下，逐渐通

过招标文件技术条款明确了相关环保措施,个别的甚至详细到工程量和实施进度,因此,投标人和承包商能够在环境监理的监督和指导下,按照承诺落实相关环保措施。

## 5.4 存在的问题及建议

### 5.4.1 存在的问题

环境监理在重点建设项目试点期间取得了预期成效,各级行政主管部门也逐步在更大范围内(多行业、多地区)加以推广。环境监理行业发展总体上处于从试点逐步延伸扩大的阶段,态势良好,但相应的管理制度建设和技术体系建设一定程度上滞后于环境监理市场和行业的扩充速度,还存在环境监理定位不够清晰、认识不够统一,行业自律管理和市场化运作机制不够规范,监理技术规范化、标准化程度低等问题,这些问题是现阶段制约环境监理行业健康、稳定和有序发展的主要问题。

(1)监理技术规范化、标准化程度低。现阶段,环境监理技术规范体系尚在研究制订过程中。参与环境监理工作的各环境监理单位对环境监理工作的认识不同,加之各建设单位对环保的重视程度不同,致使环境监理介入环境管理的方式五花八门,介入的程度深浅不一,环境管理的效果也参差不齐,这对环境监理科学化和规范化的长远发展极为不利。

(2)行业自律管理尚属空白。在市场经济秩序构建中,作为对政府行为的补位和对市场行为的修正,行业协会的自律功能逐渐得到各界的关注和认同,通过行业协会制订自律机制加以实施也是行业自律的通行做法。而我国环境监理行业尚无全国性行业协会,个别地区成立的环境监理协会,因成立时间短,行业自律机制尚处于探索阶段。

在国家和行业环境监理相关标准未颁布前,通过行业协会对各环境监理单位加以自律管理尤为重要。行业自律是规范环境监理行为的重要环节,有着政府、法律所不可替代的作用。强化行业自律管理,建立行业内部信用管理和惩戒机制,使各环境监理单位遵守行业自律规则,建立良好的环境监理市场秩序,更好地发挥环境监理在建设项目建设过程中的应有作用。

(3)市场化运作机制不健全。在环境监理制度试行之初,基于当时我国经济发展背景而实行的指令性强制监理,对环境监理在我国的萌生和发展壮大起了相当重要而积极的作用,有力地促进了环境监理在我国的快速成长。随后这种指令性强制监理的方式一直通过负责项目环境影响报告书审批的行政主管部门,以批复中要求开展环境监理工作的形式加以明确。事实表明，单纯的政府指令还不足以克服环境监理发展过程中的一些问题，还应完善市场化运作机制。

### 5.4.2 建议

（1）加快环境监理管理制度建设和技术体系建设。建议尽快出台有关环境监理的法规性文件，建立环境监理技术规范、技术细则、标准、指标考核与验收、收费指导标准等，做到工作依据充分。尽快制定工程环境监理机构资质管理、人员培训考试及注册管理制度。

（2）建立全国性的行业协会。在环境监理产生发展的初期成立行业协会，尤其是全国性质的行业协会，对做大做强环境监理行业意义重大。通过环境监理行业协会对行业内部进行管理，建立行业自律性机制，维护良好的市场秩序，促进行业稳健发展。开展行业内部协调，促进经济、技术、人才与信息交流合作，提高行业整体素质，维护行业整体利益和会员的合法权益。发挥政府与企业之间的桥梁和纽带作用，将有关政策法规向业内人士转达的同时，向管理部门提出行业的合理化建议，与管理部门形成良性互动。

（3）探索符合环境监理发展实际的人才培养机制。提高环境监理队伍素质是一项长期而艰巨的任务，必须探索符合环境监理发展实际的人才培养机制。

1）继续大力推行环境监理培训工作，开展不同层次的监理人员的培训，如环境监理企业管理层培训、总监培训、监理工程师及监理员培训等。

2）大力开展行业内部业务互访活动，取长补短、交流提高。

3）联合有关学校设立环境监理相关专业，可以以专科为培养起点，逐渐提高办学层次，结合实际培养一批高层次环境监理人才。

（4）以法规规定逐步取代指令性要求。环境监理的本质应是随着社会经济的发展、社会分工的不断细化，由客观存在的市场需求引发的一项符合市场经济规律的行为。单纯靠指令性强制监理要求开展环境监理工作，可能让环境监理患上"软骨病"。

在没有指令性强制监理要求的情况下，环境监理根据业主和工程的环保要求为工程建设提供相应的专业化监督管理服务，使工程通过有限的资源（工程投资等）去实现最佳的环境保护目标（环境友好），在此过程中环境监理以自己的专业能力求得生存、体现其存在的价值，也会增强其生命力。

# 某金属表面处理集聚区项目

浙江环科工程监理有限公司

## 1　工程概况

（1）项目名称：浙江省某金属表面处理集聚区项目。

（2）建设背景：为改善区域内布点分散的电镀工业污染，根据政府部门建设金属表面处理集聚区的意见，将区域内现有的16家电镀企业搬迁至新建金属表面集聚区（以下简称园区）内，配套集中供热、供电、供水、排水系统和污水处理设施，形成金属表面处理集中化生产区域，以提高区域金属表面处理行业水平。

（3）建设地点：浙江省某市。

（4）建设单位：某金属表面处理有限公司。

（5）环评单位：浙江省环境保护科学设计研究院。

（6）项目投资：33 300万元。

（7）环境监理单位：浙江环科工程监理有限公司。

（8）项目环评中主要涉及迁入电镀企业及生产设备情况见表1。

表1　项目环评中迁入电镀企业及生产设备情况

| 序号 | 企业名称 | 生产设备情况 | 生产线/条 |
|------|----------|--------------|-----------|
| 1 | ×××× | 滚镀锌11条，镀镍3条，镀铜8条 | 22 |
| 2 | ×××× | 铜镍铬线3条，滚镀锌4条 | 7 |
| 3 | ×××× | 滚镀锌3条，滚镀镍2条 | 5 |
| 4 | ×××× | 滚镀锌线8条 | 8 |
| 5 | ×××× | 滚镀镍线5条，镀铜线2条，镀镍线3条 | 10 |
| 6 | ×××× | 滚镀镍5条，滚镀铜3条，滚镀合金2条，滚镀锌6条 | 16 |
| 7 | ×××× | 镀铬4条，铜镍铬线3条，滚锌线6条 | 13 |
| 8 | ×××× | 铜镍铬线25条，铝氧化1条，电泳3条，锌25条，其他综合线8条 | 62 |

| 序号 | 企业名称 | 生产设备情况 | 生产线/条 |
|---|---|---|---|
| 9 | ×××× | 镍铬线 4 条 | 4 |
| 10 | ×××× | 铜镍铬线 4 条，塑料电镀 1 条，铜、锌线各 1 条，滚镀镍 2 条 | 8 |
| 11 | ×××× | 滚镀锌 3 条 | 3 |
| 12 | ×××× | 铜镍铬 8 条，滚镀镍 2 条，电泳、铝氧化、喷塑各 1 条，滚镀锌 4 条 | 17 |
| 13 | ×××× | 铬线 2 条，镀锌线 3 条，滚镀锌 2 条，滚镀镍 2 条 | 9 |
| 14 | ×××× | 镀锌 14 条，镀镍 8 条，镀铜 4 条 | 26 |
| 15 | ×××× | 吊镀线 2 条，滚镀线 2 条，铝氧化 1 条 | 5 |
| 16 | ×××× | 镀铜和镀锌线共 12 条 | 12 |
| | 合计 | | 227 |

# 2 环境监理依据

根据浙江省人民政府第 166 号令《浙江省建设项目环境保护管理办法》（2003.12）中"对可能造成重大环境影响的建设项目，推行环境监理制度，由建设单位委托具有环境工程监理资质的单位对建设项目施工中落实环境保护措施进行技术监督"的要求，环保管理部门在本项目环境影响评价审批文件中明确项目应委托第三方单位开展建设项目环境监理工作。本项目开展环境监理的依据主要有法律法规、建设项目技术材料和标准规范文件三方面。

## 2.1 法律法规

（1）《中华人民共和国环境保护法》（1989.12.26）；

（2）《中华人民共和国大气污染防治法》（2000.4.29）；

（3）《中华人民共和国水污染防治法》（1996.5.15 修正）；

（4）《中华人民共和国环境噪声污染防治法》（1996.10.29）；

（5）《中华人民共和国固体废物污染环境防治法》（2005.4.1）；

（6）国务院第 253 号令《建设项目环境保护管理条例》（1998.11.29）；

（7）国家环保总局令第 13 号令《建设项目竣工环境保护验收管理办法》（2001.12.11）；

（8）浙江省人民政府第 166 号令《浙江省建设项目环境保护管理办法》（2003.12）；

（9）浙江省环境保护厅《浙江省建设项目环境保护"三同时"管理办法》

（2008.9）；

（10）浙江省环境保护局《关于在项目建设中推行环境监理的通知》（2004.3）。

## 2.2 建设项目技术材料

（1）《某金属表面处理集聚区项目可行性研究报告》；

（2）《某金属表面处理集聚区项目可行性研究报告审查意见》；

（3）《关于某金属表面处理集聚区项目可行性研究报告审查意见的批复》；

（4）《某电镀集聚区项目环境影响报告书》；

（5）《关于某金属表面处理集聚区项目环境影响报告书审查意见的函》；

（6）《某电镀集聚区项目初步设计报告》；

（7）《关于某电镀集聚区项目初步设计报告审批意见的函》。

## 2.3 标准规范文件

（1）《地表水环境质量标准》（GB 3838—2002）；

（2）《环境空气质量标准》（GB 3095—1996）；

（3）《声环境质量标准》（GB 3096—2008）；

（4）《土壤环境质量标准》（GB 15618—1995）；

（5）《污水综合排放标准》（GB 8978—1996）；

（6）《大气污染物综合排放标准》（GB 16297—1996）；

（7）《电镀污染物排放标准》（GB 21900—2008）；

（8）《工业企业厂界噪声标准》（GB 12348—2008）；

（9）《清洁生产标准 电镀行业》（HJ/T 314—2006）。

# 3 工作程序、方式

## 3.1 工作程序

针对本项目，开展环境监理的工作程序见图1。

环境监理单位接受建设单位委托后，通过查阅资料、踏勘现场制定环境监理工作方案，方案完成后，开展设计阶段、施工阶段和试运行阶段的环境监理工作。在项目申请试生产和验收前，分别编制环境监理阶段报告和总结报告提交管理部门，最后参加项目竣工环保验收会议。设计阶段环境监理要收集环评、环评批复、初步设计及批复和其他工程基础资料，对比项目设计与环评及环评批复的符合性；

施工阶段环境监理的重点工作内容包括调查工程建设内容及变化、督促环保"三同时"落实，控制施工污染达标，协助企业提升企业环境保护管理意识和水平，如建立环保管理制度和事故应急体系等；试运行阶段环境监理的重点关注内容包括主体工程试运行情况，环保设施调试运行情况，环保管理制度执行情况和事故应急体系落实情况等。

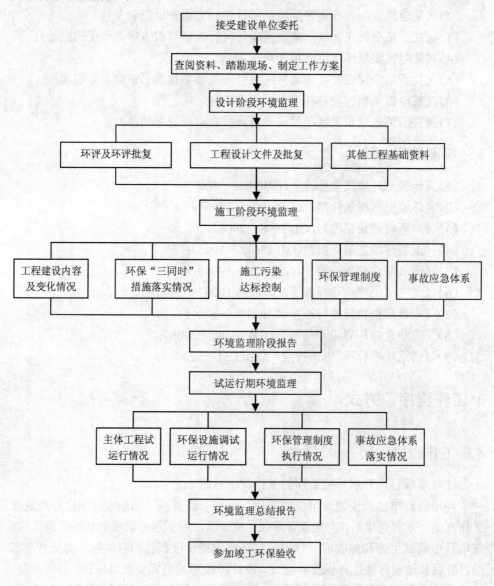

图 1　环境监理工作程序示意

## 3.2　工作方式

在建设项目环境监理工作开展过程中，一般采用以下四种工作方式，分别为核查、监督、汇报和咨询。

（1）核查：依照环评及批复内容，在项目建设各阶段核对项目建设内容、污染防治措施、生态恢复措施的符合及落实情况。

（2）监督：对项目的建设、施工行为进行过程监督，督促相关单位按照环评、批复及环保法规有关要求落实各项环保措施。

（3）汇报：在项目建设期，定期召开例会及专题会议，整理项目进展情况，以环境监理联系单、月报、季报、专题报告、监理报告等方式向建设单位提交监理工作成果。

（4）咨询：在项目建设期，就企业在污染防治措施、环保政策法规、环保管理制度等方面遇到的问题，通过环境监理及环保专家库等技术储备提供解决方案，协助企业进行落实。

此外，在环境监理过程中，环境监理单位还可以采取环保引导、培训等方式，通过制定施工期内部环保规章制度、印发宣传资料、培训、现场指导等多种形式，提高建设单位、施工单位环保意识，引导做好项目建设期各项环保措施和要求；搭建环保信息交流平台，建立环保主管部门、建设单位及施工单位的环保沟通、协调、会商机制，协助建设单位强化对内部的环境管理。

# 4　环境监理重点、内容及效果

## 4.1　环境监理重点

本项目属于金属表面处理行业，主要产生大量含重金属电镀废水、酸碱废气和电镀污泥，对环境影响较大，为重污染行业。在未建设园区前，该地区各电镀企业处于较落后的生产状态，清洁生产水平和污染防治措施均存在很大不足。应该认识到建设金属表面处理集聚区不是简单搬迁复制原有低水平的电镀企业，而需要根据产业政策、环保法规、技术规范等对搬迁入园的电镀企业提出全方位新要求，提升地区内金属表面处理行业水平和污染防治能力。基于以上原则，本项目环境监理的重点如下：

（1）生产工艺。根据前期调查，由于项目所在地属于小五金件产业发达地区，需要进行表面处理配套，其中五金件镀锌有较大需求量。在迁入园区前，由于工艺及成本原因，电镀企业在电镀锌时一般采取含氰镀锌，可以获得较好的镀层质量，但会产生大量的含氰废水，存在环境风险和治理难度。根据《产业结构调整指导目录（2011 年本）》，含氰电镀工艺须被淘汰（除电镀金、银、铜基合金及预镀铜打底工艺）；同时，项目所在地处于太湖流域，水体已无氨氮环境容量，项目应控制产生氨氮废水工艺；此外，根据清洁生产有关要求，高六价铬钝化等重污染工艺也应逐步淘汰。因此，在进行本项目环境监理时，应按产业政策、清洁生产等要求明确项目生产工艺淘汰目标，鼓励采用清洁生产工艺。

（2）装备水平。根据前期调查，在迁入园区前，各电镀企业由于技术水平及环保意识的局限，只关注产品生产需求，在生产装备上均以手动电镀生产线等落后生产设备为主，极少采用半自动或全自动电镀生产线等先进生产装备，其污染物产生难以控制，且较难依托落后生产设备实施清洁生产及节能节水措施。因此，在进行本项目环境监理时，应向建设单位强调半自动或全自动电镀生产线等先进生产装备的优势，指导建设单位淘汰落后生产设备，选择先进生产装备。

（3）清洁生产及节能节水措施。根据前期调查，在建设园区前，项目所在地区的各电镀企业属粗放型生产，工作环境差，产品带出液无法收集，车间地面积水严重；同时电器选型、清洗方式和回用系统等均未达到清洁生产标准要求，资源浪费较大。因此，从提升地区金属表面处理行业水平，打造集聚区示范效应的角度，在进行本项目环境监理时，应向建设单位提出开展清洁生产及节能节水措施的建议，并督促落实。

（4）废水收集防治措施。金属表面处理生产废水产生后的收集工作属于系统工程，应从污染物产生、跑冒滴漏点、车间收集、厂区输送等各个阶段充分考虑，如减少回收槽间运转工件时的带出液措施、车间内防腐防渗工程建设、车间废水收集池种类及建设、车间及厂区污水输送管选型等内容均直接关系到项目污水是否能够得到有效收集，是环境监理需关注的重点内容。

此外，由于电镀废水混合收集后常规化学沉淀法较难同时有效去除废水含有的各类重金属离子，因此，在项目建设过程中，为了实现污染物有效收集处理，应按各股废水特性进行分质收集，这也是环境监理需关注的重点内容。

（5）废气收集防治措施。金属表面处理生产中因使用大量的酸碱进行预处理和后处理，易产生酸、碱雾，如无有效收集措施，易造成无组织排放，对车间工作环境及外环境造成显著影响。因此，工作槽的吸风方式、酸雾抑制剂的使用、铬酸雾回收利用措施等是环境监理时的重点关注对象。

（6）固废防治措施。金属表面处理企业电镀废水经常规化学沉淀法处理后，将产生大量的电镀污泥，同时电镀过程还产生槽渣、电镀废液、退镀液等，均属于危险废物。因此，本项目建设符合规范的固废暂存场所，产生的各类危险废物妥善处置，申请危险废物转移计划并执行危险废物转移联单制度是进行环境监理时固废防治方面的关注重点。

## 4.2 环境监理内容

受某金属表面处理有限公司的委托，浙江环科工程监理有限公司承担了本项目的环境监理工作。环境监理人员入场时，本项目园区集中污水处理站等公用工程已完成设计并开始施工；园区内部分搬迁企业建设进度较快，相应车间厂房、生产设备、车间废气收集处理系统、车间生产废水收集系统等均已建设完毕，其他搬迁企业进度不一。因此，根据项目实际情况，本项目设计期环境监理和施工期环境监理结合实施，同时随着项目建设进度还开展了试生产期环境监理，贯穿了项目的整个建设过程。

开始建设的厂区污水处理站　　　　　　已建设完成的表面处理车间

### 4.2.1 设计阶段环境监理

（1）设计文件审核。环境监理人员进场开展工作后即收集项目环评、批复、设计文件等基础资料。根据了解，园区建设单位仅负责园区集中污水处理站等公用工程的设计、建设；各入园搬迁企业负责自身车间厂房内部的设计、建设工作。监理人员进场时，园区集中污水处理站等公用工程的设计已完成并开始建设；部分已入园企业仍按照简单复制的旧思路建设车间厂房，未委托设计单位进行正规设计工作，无法提供设计文件。

根据实际情况，环境监理人员按照环评及批复要求对收集到的公用工程设计文件进行核查。在核对项目污水处理设施设计文件时，发现污水站设计方案（2008.1）中废水排放执行标准为《污水综合排放标准》（GB 8978—1996），而根据 2008 年 6 月发布的《电镀污染物排放标准》（GB 21900—2008），新建企业自 2008 年 8 月 1 日起必须执行《电镀污染物排放标准》（GB 21900—2008），后者对 $Cr^{6+}$、总铬、镍等第一类污染物车间排放标准以及总氰化物、总铜、总锌等污染物废水总排放口的排放标准要严于前者，如按原设计方案建设污水处理站，在今后的运行中将无法符合新标准排放要求；另外在核对项目污水处理设施设计文件时，发现该方案中仅对含镍废水和含氰废水进行了分质预处理，而本项目环评中要求含镍废水、含铬废水、前处理废水、含氰废水均须分质收集处理，其中含氰废水采用二次破氰工艺。

据此环境监理人员及时要求园区建设单位对设计方案进行总体调整以符合新标准及环评、批复要求。园区建设单位及时组织了污水站设计、厂区给排水管网设计等单位对环境监理单位提出的意见进行讨论，最终确定要求污水站设计单位按照《电镀污染物排放标准》（GB 21900—2008）要求，对设计方案进行修正优化，完善废水分质预处理工艺；要求厂区给排水管网设计单位根据废水分质收集的要求，对车间废水收集管网进行相应补充，增加废水收集槽（管道）。重新修正后的设计方案经环境监理人员审核后，建设单位组织人员按照设计方案开展相关内容的建设。

（2）项目变更调查。完成项目设计文件审核后，环境监理人员即结合项目已建情况进行了调查，发现由于市场形势较好，项目计划及已建车间数量、生产线数量及种类等均较环评及批复中存在变更；针对项目较环评及批复中存在的变更内容，环境监理人员以环境监理工作联系单和书面报告的形式及时向园区建设单位和当地环保主管部门进行了汇报，建议园区建设单位及时就项目存在的变更内容按照相关法规要求办理手续。

由于本项目为集聚区，各搬迁进园企业进度不一，为了提高工作效率，项目建设单位请求在项目整体施工安装结束后，统一梳理项目实际建设内容与环评及批复的变更内容，针对变更内容统一办理相关环保手续。经过汇报，环保主管部门同意了该方案，要求项目针对变更内容编制项目环境影响后评价。

### 4.2.2 施工阶段环境监理

（1）已建表面处理车间调查。

环境监理人员入场时，园区内已有部分搬迁企业建设完成了相应表面处理车间，建设进度较快；同时由于上述搬迁企业在进行车间建设时仍按照简单复制的旧思路，实际并未委托设计单位进行正规设计。

为了准确掌握已建表面处理车间情况，环境监理人员在无设计文件的情况下结合项目环境监理技术要点，针对已建表面处理车间进行了逐一排查，发现在简单复制的建设思路下，绝大部分已建表面处理车间在表面处理工艺水平、生产装备、污水分类收集系统、防腐防渗工程等方面均有较大缺陷，存在的问题见表2。

通过总结已建表面处理车间存在的共性问题，公司监理人员认为在入园企业众多，环保意识、技术整体水平低的现状下，为了实现园区建设的初衷，提升地区表面处理行业水平，必须通过制定统一建设标准等手段，要求已建表面处理车间进行整改，同时为后续车间建设树立模板。因此，环境监理对已建表面处理车间存在的环保问题提出了整改要求，并向园区建设单位提出了制定统一建设标准的建议。

**表2 项目已建表面处理车间存在的环保问题及整改要求**

| 序号 | 存在的问题 | 整改要求 |
|---|---|---|
| 1 | 目前已安装完毕的电镀生产线大部分为手动生产线，小部分为半自动生产线，基本没有全自动生产线，同时清洗方式、挂具、回用系统和环境管理要求等均未达到《清洁生产标准 电镀行业》（HJ/T 314—2006）中对国内清洁生产基本水平的要求，并且手动生产线无法收集产品带出液，产品带出液四处洒落在车间地面 | 建议提高入场电镀生产线的设备水平，淘汰手动生产线，推广半自动和全自动生产线，并建设产品带出液收集系统，避免产品带出液四处洒落，提高资源利用率，并根据《清洁生产标准 电镀行业》（HJ/T 314—2006）对国内清洁生产基本水平的要求逐步落实清洗方式、挂具、回用系统和环境管理的要求 |
| 2 | 出于对成本及镀层稳定性的考虑，目前进入该电镀集聚区的企业绝大部分依旧采用有氰镀锌工艺和高六价铬钝化工艺，其中有氰镀锌工艺为《产业结构调整指导目录（2005年本）》中明令立即淘汰的落后工艺，高六价铬钝化工艺为《清洁生产标准 电镀行业》（HJ/T 314—2006）中认定的高污染工艺，因此，本电镀集聚区整体生产工艺落后，不具备清洁生产的基本要求 | 建议在本电镀聚集区内废止有氰镀锌工艺和高六价铬钝化工艺，提高生产工艺水平，落实清洁生产要求 |
| 3 | 车间内高浓度电镀废液直接排放至车间明沟，不进行回收，一方面不符合《清洁生产标准 电镀行业》中的要求，另一方面高浓度电镀液进入车间明沟、车间集水池和厂区排污管道，加大了对排水系统防渗防腐的承受压力 | 建议对作废的高浓度电镀液集中进行槽边回收，不排入污水系统。回收后的高浓度废电镀液送有资质的处理单位妥善进行综合利用 |

| 序号 | 存在的问题 | 整改要求 |
|---|---|---|
| 4 | 大部分车间均在酸洗槽、电镀槽等废气发生点安装了吸风罩和废气输送管道，收集生产废气输送至车间房顶的喷淋塔处理，但由于大部分电镀生产线为手动生产线，槽边必须留出操作空间，无法实现密闭抽风，吸风罩理论收集效率低；同时由于废气喷淋塔为各电镀企业自行订购的成套设备，未对所需风量及吸收效率进行设计，实际处理效果难以保证 | 建议现阶段在各吸风罩处加装塑料帘布，提高废气收集效率，同时普遍要求企业使用硝酸、铬酸等的酸雾抑制剂，减少酸雾的产生；在对手工生产线更新改进为半自动、全自动生产线后，对酸洗槽等废气产生点采用密闭抽风设计；企业应保证废气喷淋塔的运行时间，做好运行台账记录 |
| 5 | 大部分车间地面均为混凝土硬化地面，无任何防渗防漏措施，产品带出液渗漏无法避免；部分车间仅对电镀槽放置的地面贴嵌大理石地砖，而且大理石地砖间的缝隙依然为石灰填充，无法完全起到防腐防渗的效果，其他地面也是混凝土硬化地面 | 建议对全部车间地面统一材料、统一工序进行防渗防腐处理，推荐地面满铺防渗塑料板或大理石地砖，缝隙采用环氧树脂勾缝，1m 高以下的墙裙涂刷环氧树脂涂料，车间排水明沟沟沿也需涂刷环氧树脂涂料 |
| 6 | 车间内生产废水收集管道基本均为明沟，且仅在沟壁涂有一层防腐防渗涂料，由于该明沟及车间废水集水池的防腐防渗工程均由承租的电镀企业自行完成，涂料质量、防渗系数、涂刷厚度均无法得到保障，存在严重的渗漏隐患；同时含氰废水及含六价铬的废水从明沟输送，存在安全隐患；高浓度生产废水从相关反应槽下的明沟收集至车间集水池，产品带出液和地面冲洗废水通过地表漫流的方式进入明沟收集，车间废气无组织排放现象严重 | 建议对全部车间生产废水收集明沟进行改造，生产废水采用 PE 管输送，PE 管放置在现有的明沟内；明沟沟壁及沟底统一重新做防腐防渗处理，建议采用"三油两布"工序，地面冲洗水仍通过明沟送往集水池 |
| 7 | 每个车间均建有两个生产废水集水池，一个做含氰废水的收集，一个做不含氰废水的收集，根据我公司监理人员现场调查，集水池的防腐防渗工程也仅为池内壁涂刷一层防腐防渗涂料，同车间内废水收集明沟一样，工程质量无法得到保证，存在严重的渗漏隐患；集水池目前为敞口设计，存在安全隐患 | 建议对全部车间的集水池进行改造，池壁及池底统一重新做防腐防渗处理，建议采用"三油两布"工序，并进行加盖 |
| 8 | 每个车间门口与外界道路直接连通，无挡水坎。车间地面冲洗废水有可能溢流至外界道路的雨水井进入雨水管道排放至外界环境中 | 建议全部车间门口修建挡水坎，该挡水坎也应做好防渗防腐处理，挡水坎与地面及侧墙的缝隙均应用防渗防腐涂料涂刷 |

（2）制定建设整改标准。

园区建设单位在收到环境监理工作联系单后，对项目已建表面处理车间存在的环保问题十分重视，非常认可环境监理人员提出的制定统一建设标准的建议，立刻通知所有车间停止建设，等待统一指令进行整改。

根据集聚区存在的环保问题，当地政府下发了《关于开展区域内电镀行业专项整治工作的实施意见》，从宏观上提出了通过行业专项整治园区表面处理车间应达到的标准要求。在环保主管部门和园区建设单位的要求下，环境监理单位组织有关专家，以当地政府《关于开展区域内电镀行业专项整治工作的实施意见》的文件精神为主旨，通过对《清洁生产标准　电镀行业》（HJ/T 314—2006）等标准规范中相关要求的深化、扩充，针对集聚区表面处理车间的建设起草了《某金属表面处理集聚区表面处理车间环保规范化建设技术规范》（以下简称《技术规范》），并邀请浙江省环境保护科学设计研究院和浙江省冶金环境保护设计研究有限公司专家进行了函审。经过一定修改后，该技术规范正式发布，并报环保主管部门备案。规范中规定园区所有车间均必须按照技术规范中的要求对表面处理车间进行环保规范化的建设。通过对表面处理车间的生产工艺、生产装备、回收回用及过程优化措施、废气防治措施、废水收集系统、防腐防渗措施、固体废物防治措施、突发事件防范措施、环保管理制度、水循环利用等各方面的详细要求，该技术规范明确了项目的整改方向，为项目最终建成为具有示范意义的金属表面处理集聚区提供了理论指导。该技术规范中的相关要求摘录如下：

1）生产工艺。淘汰含氰镀锌工艺和氯化铵镀锌工艺（车间不能排放带 $NH_3\text{-}N$ 的废水）；淘汰高六价铬钝化工艺项目；结合产品质量要求，鼓励采用清洁生产工艺。鼓励采用酸性镀锌、氯化钾镀锌或碱性锌酸盐镀锌；鼓励采用硫酸盐镀铜或碱性铜替代氰化镀铜；鼓励采用环保镀镍；鼓励采用三价铬镀铬；鼓励对锌镀层的钝化采用三价铬钝化工艺；鼓励采用不带螯合剂的工艺溶液；鼓励用水基清洗剂代替溶剂脱脂；鼓励采用电解去锈、超声波去锈代替酸弱腐蚀去锈；清洗方式采用多级逆流清洗的方式。

2）生产设备。采用半自动或全自动电镀生产线，不使用纯机械式半自动生产线；前处理工序、后道钝化清洗工序、烘干设备放入半自动或全自动生产线；挂具有可靠的绝缘涂覆，极杆保持清洁；淘汰地下式镀槽，采用地上式整体镀槽。

3）清洁生产及节能节水措施。电镀装备（整流电源、风机、加热设施等）应采用节能型设备，淘汰可调式硅整流器及其他已明令淘汰的机电产品；车间安装有生产用水计量装置和车间排放口废水计量装置；配备减少及回收带出液的措施（如降低溶液表面张力、延长镀件出槽滴液时间、工艺槽之间加设挡液板和镀槽上方加气吹装置去除带出液等；镀锌件钝化工序应采用两种以上减少带出液的措施）；镀镍和镀铜生产线采用金属回收装置和多级逆流清洗；镀液鼓励采用去离子水配置，镀槽配备镀液过滤装置以过滤去除槽渣，延长镀液使用寿命。

4）废水收集防治措施。车间生产工艺废水收集系统采用管沟方式，即污水收集管放置于明沟内。收集管选用壁厚至少 3.5 mm 的 UPVC 管，管道与槽接口设置在槽体二分之一以上的位置；车间地面冲洗水通过管沟的沟道收集，沟道加栅格盖。车间含铬废水、铜氰废水、含镍废水、综合废水应分质收集，并建设相应的车间废水收集池。

5）防腐防渗工程。车间地面全部采用"三油两布"工艺进行防渗处理，在进料、出料区域铺上石英砂和花岗岩地砖，缝隙采用环氧树脂勾缝，车间 1 m 高以下的墙裙涂刷环氧树脂涂料；车间工艺废水收集管沟的沟壁及沟底全部采用"三油两布"的防腐防渗工艺处理。管沟的防腐工程应与车间地面防腐防渗工程衔接完整，避免遗留缝隙后导致渗漏；车间集水池池壁及池底全部采用"四油三布"的重度防腐防渗工艺处理，并进行加盖。

6）废气收集防治措施。镀铬生产线配备铬雾回收利用装置；在酸洗槽、镀槽等位置增加槽边吸风装置；车间内如有气味者，要求有整体吸风处理装置；生产过程使用硝酸、铬酸等酸雾抑制剂；逐步淘汰敞开式镀硬铬槽电镀方式，对产生有害气体的槽体加设槽盖；淘汰燃油、燃煤加热型烘箱。

（3）整改工作开展情况。

本园区作为区域电镀行业专项整治的重点内容，环保主管部门对项目的建设整改情况非常重视，在项目整改期间，根据环保主管部门的要求，环境监理单位多次协助当地环境监察大队对园区内整改情况进行检查，向环保主管部门介绍项目整改进度，与环保主管部门协商决定下一步整改重点及措施，充分体现了为环保主管部门提供技术支撑的作用。

在《技术规范》正式发布后，集聚区内的大部分车间均开始按照技术规范的要求进行整改和建设。在园区各表面处理车间整改过程中，环境监理全程针对各表面处理车间的整改工作进行了技术指导，针对整改工作中遇到的工程和技术问题进行了分析解决；同时在园区建设单位的要求下，环境监理制定了整改工作验收方案，并与园区建设单位配合开展了验收工作。经现场验收，部分车间较快较好地完成了相关整改工作，通过了验收检查。

在之后的工作中，园区建设单位将通过验收检查的车间树立为建设模板，统一验收要求，日后其他车间的规范化建设、验收均按照已有的技术规范及将出台的验收要求统一进行，未达到要求者不予通过验收及生产；同时建立处罚制度，对违规企业采取停止生产（停止时间从一周至一年不等）的处罚措施。对园区内公用工程存在的问题，园区建设单位按照计划整改措施及时进行整改建设。在园区各生产车间建设完成后，经过统计，园区内约90%的原有车间已根据技术规范的要求进行了整改，建成后的车间及生产线基本达到了技术规范中的相关要求；约10%不愿或无力承受改造的车间已停产搬离。

（4）小结。

在本阶段以核查的工作方式，环境监理通过环评、批复要求与实际建设情况的比较，调查了项目存在的变更和环保问题，要求企业及时就项目存在的变更内容按照相关法规要求办理手续，并对项目在环保方面存在的问题、缺陷提出了整改建议。

在本阶段，环境监理针对提出的整改建议，通过组织制定《表面处理车间环保规范化建设技术规范》整改技术标准等方式为企业提供了全方位的环保咨询服务，内容涉及项目的主体工程、生产工艺及设备、"三废"治理措施等方面，从整体上协助企业决策了项目今后的定位和环保水平。

### 4.2.3 试生产期环境监理

园区各表面处理车间建设整改完成后，浙江环科工程监理有限公司根据园区的实际建设情况，编制了环境监理阶段报告，由园区建设单位提交环保主管部门，作为环保主管部门核准项目试运行的技术支撑材料。在环保主管部门批准后，项目正式投入试运行。

（1）工程变更环境影响评价。在项目完成建设后，环境监理及时组织人员对项目建设内容进行了各方面的调查，梳理掌握了项目建设内容较环评及批复中的变更内容，并汇总报告建设单位及环保主管部门。之后，环境监理协助企业联系环评单位，并为环评单位提供相关变更内容的基础材料。针对项目存在的变更内容编制了环境影响报告书，报送环保主管部门进行备案，并取得了相关批文。

（2）完善环保管理体系。在试生产阶段，环境监理协助企业建立完善环保管理制度，督促项目针对各配套环保设施建立日常运行台账。由于项目产生大量的重金属污泥、废油，属危险废物，因此，在试生产阶段环境监理监督项目委托有资质单位处理重金属污泥，在危险废物转移过程严格执行转移计划和转移联单制度。在试生产阶段环境监理调查发现污水处理隔油池产生的废油原外卖给某公司，由于对方不具备危险废物处置资质，不符合相关环保规范，通过环境监理的建议，项目产生的废油委托了有资质的危险废物处置单位（浙危废经第××号）进行处置，已在转移过程中执行了转移计划和转移联单制度。

（3）完善事故应急体系。在试生产阶段，环境监理指导集聚区编制了事故应急预案，同时根据环保管理形势的要求和项目实际情况，建议集聚区完善事故应急体系，选择污水处理站调节池中部分分格区域作为事故废水应急池，在园区污水处理站发生故障时，后续生产废水可进入事故废水应急池进行暂存；在园区污水处理站故障排出后，事故废水应急池内的暂存废水进入污水处理站处理。项目根据环境监理建议完善了事故应急体系，并定时举行了事故应急演习。

（4）其他方面。根据项目环评及批复，本园区卫生防护距离为 200 m。在试生产阶段，环境监理根据环评及批复中要求调查园区卫生防护距离内环境敏感点情况。根据调查结果，园区卫生防护距离内存在 10 户居民。因此，环境监理督促园区建设单位尽快配合当地政府完成卫生防护距离内环境敏感点的拆迁工作。经过相关努力，当地政府已经与卫生防护距离内的 10 户居民签订了《农房集聚补助协议书》，并完成了卫生防护距离内敏感点的拆迁工作。

项目完成试生产后申请环保设施竣工验收，环境监理编制了环境监理总结报告作为验收必备材料之一，并参加了环保设施竣工验收会议，就环境监理工作开展情况、项目建设情况及"三同时"落实情况向会议进行汇报，使与会专家、环保管理部门掌握了项目情况。

## 4.3 环境监理效果

通过项目全过程的监理工作，本项目环境监理工作起到了以下作用：

（1）完善了环保手续。通过环境监理在项目建设期的全过程跟踪调查，项目在建设过程中出现的变更内容得到了及时发现，并在环境监理的督促和建议下，项目变更内容按照法规要求办理了相关环保手续，减轻了环保监管压力，降低了环境管理风险。

（2）配合了环保管理。在项目建设过程中，环境监理将日常工作情况编制月报、季度报告等定期报送园区建设单位和环保主管部门，降低了日常环保管理风险；对于重大变动或重点环境问题，环境监理通过环境监理联系单、专题报告等形式，协助园区建设单位及时与环保主管部门沟通，搭建了较为顺畅的环保信息交流平台。

（3）提升了工艺水平。经过整改后，集聚区内各表面处理车间已全部淘汰了含氰镀锌工艺和氯化铵镀锌工艺，基本淘汰了高六价铬钝化工艺；在生产中已使用氯化钾镀锌或代氰剂镀锌、三价铬钝化等清洁生产工艺。

（4）提升了设备水平。由于原生产车间高度较低，不够安放半自动和全自动生产线，因此，在整改过程中对层高不足的车间均进行了重建，增加车间高度。

经过整改后，集聚区内各表面处理车间目前已全部淘汰手动生产线，重新安装的表面处理生产线绝大部分为全自动生产线，少部分为半自动生产线，均采用机械和电子控制方式，较大地提高了集聚区的生产装备水平；同时前处理工序、后道钝化清洗工艺、烘干设备均基本放入生产线，可以较好地收集产品带出液，避免了产品带出液洒落在地面；原有的高能耗整流器均更换为省电 25%~30% 的节能型整流器；淘汰了地下式镀槽，全部采用了地上式整体镀槽等。

整改前手动生产线

整改后全自动生产线（滚镀）　　　　　整改后全自动生产线（吊镀）

（5）促进了清洁生产措施。园区内各表面处理车间按照《技术规范》中的要求对回收、回用及过程优化进行了整改，如采用了延长镀件出槽滴液时间、工艺槽之间加设挡液板等去除带出液的措施；清洗工序均配备了多级逆流清洗措施；镀槽配备了镀液过滤装置以过滤去除槽渣，延长镀液使用寿命；镀镍和镀铜生产线安装有金属回收装置，对含铜、含镍废水在车间内回收废水的金属后回用至生产中。

车间重金属离子回收装置　　　　　　　　　镀液过滤回用装置

（6）完善了防腐防渗工程。经过整改后，集聚区内各表面处理车间生产作业地面目前具备了完好的防腐防渗功能，地面采用"三油两布"中度防腐工程工艺处理，即三层环氧树脂两层玻璃纤维；在进料、出料区域铺上了石英砂和花岗岩地砖，缝隙采用环氧树脂勾缝；车间 1 m 高以下的墙裙涂刷了环氧树脂涂料；车间工艺废水管沟和车间废水收集池的沟（池）壁和沟（池）底均采用了"四油三布"重度防腐工程工艺处理，即四层环氧树脂三层玻璃纤维。园区污水处理站的一级反应池、二级反应池池体内壁也均采用了 FRP "三布七油"的方法进行防腐处理。

整改前表面处理车间的地面　　　　整改后表面处理车间内防腐地面和墙裙

整改前车间污水收集池

整改后车间污水收集池

整改前厂区污水处理站池体

防腐防渗处理后污水处理站池体

（7）有效落实了环保"三同时"。

1）废水防治措施。经过整改后，集聚区内各表面处理车间内的生产工艺废水均采用 UPVC 管道收集，且进行分类分质收集，分为含铬废水、含镍废水、含氰废水、综合废水和生活污水。车间内工艺废水管网分为：

a. 综合废水收集管路。收集包括前处理中酸碱废水、含油废水等综合废水，收集后进入车间综合废水收集池。

b. 含铬废水收集管路。收集钝化后处理产生的含铬废水，收集后进入车间含铬废水收集池。

c. 含铜废水。收集含铜废水进入车间金属回收装置处理后回用于生产；需外排的含铜废水进入车间铜氰废水收集池。

d. 含镍废水。车间内收集含镍废水进入车间金属回收装置处理后回用于生产，车间金属回收装置原理为采用膜法对含重金属废水进行浓缩，对重金属离子进行回收；需排放的含镍废水进入含镍废水池。

e. 含氰废水。收集镀铜及镀铜打底等镀种生产中产生的含氰废水，收集后进入车间铜氰废水收集池。

f. 车间地面冲洗水通过管沟的沟道收集至车间综合废水收集池。

各路废水经车间废水收集池，由厂区污水收集管网进入污水处理站后通过不同流程分质处理，达到了环评及批复中要求废水分质收集及处理的要求。

厂区污水收集系统按照污水处理方案分为含氰废水、含铬废水、含镍废水和综合废水收集系统，各污水收集管网管道全部采取防腐材料。同时每个企业及整个厂区周围都设置环形污水防护沟汇回污水处理站，防止污水出现事故性外排。公司对生活污水设置了专门收集管网，生活污水收集后通过污水排放口纳管进入市政污水管网。项目污水处理站安装了废水在线监测装置，其中重金属离子在线监测在地区属首例。

整改前车间废水收集明沟

整改后车间废水收集管道

整改后厂区废水收集管道

整改后污水处理站在线监测装置

　2）落实了废气防治措施。经过整改后，项目各车间在生产过程中对前处理的浓盐酸槽、镀槽和退镀槽均使用了酸雾抑制剂，根据槽中使用酸的种类选择不同种类的酸雾抑制剂，在非生产时将镀槽加盖，减少了非生产时间的无组织排放；在镀铬生产线镀槽上安装有铬酸雾回收净化器，对铬酸雾进行回收再利用，铬酸雾回收净化器工作原理为采用钢制格栅对受热挥发出的铬酸雾进行冷凝，冷凝下来的铬酸回流至镀槽中；对电镀生产工艺中的各废气发生点在其对应的墙面上安装了足够数量的大型抽风装置，并在车间内使用塑钢玻璃窗形成相对独立的生产区域，提高了废气收集效率；每个生产车间均建设有一套碱洗喷淋装置（内置100～200个喷雾器），该碱洗喷淋装置内设两层填料和相应的喷头，利用碱液对车间内大型抽风装置收集的电镀工艺废气进行两级喷淋处理，失效的吸收碱液排入车间污水综合废水收集池。

整改前车间抽风装置

整改后车间生产区域封闭措施

整改后车间整体抽风装置出风口

整改后车间废气吸收装置

　　3）落实了固废防治措施。在环境监理的建议和督促下，为了使集聚区产生的电镀污泥、电镀镀槽槽渣等危险废物得到妥善处置，园区建设单位在本项目厂区北侧空地新建了电镀污泥制砖建设项目，本项目产生的电镀污泥、电镀镀槽槽渣等废物均送电镀污泥制砖项目作为原料利用。集聚区目前在园区内建设了电镀污泥暂存堆场，用于暂存污水处理站产生的污泥，该暂存堆场建设有雨棚，地面在铺设防渗材料的基础上进行了硬化，并且在堆场内建设了废水收集系统，场地内废水收集后送往园区污水处理站进行处理。

　　　园区污水处理污泥暂存场所　　　　　　污泥暂存场所废水收集系统

　　（8）提升了环保管理水平。通过环境监理的指导和协助，项目建立完善了环保管理制度和事故应急体系，提高了项目的环保管理水平，为项目提供了有效的环保咨询服务。

# 5　环境监理亮点和思考

## 5.1　环境监理亮点

　　通过环境监理的开展，本项目建设过程以环保为宗旨，避免了走落后的老路，实现了行业水平的升级，提升了污染防治技术能力，为地区金属表面处理集聚区的建设起到了示范效应。通过该项目环境监理实例，总结如下：

　　（1）环境监理对项目建设全过程（设计、施工、试生产阶段）开展持续的现场监理工作，以支撑环境监管和服务企业，填补项目审批到验收之间的技术支撑空白，是唯一全程参与项目建设的环保咨询单位，并对现行环境管理体系进行了有力补充。

（2）通过环境监理全过程的现场跟踪调查可以及时发现项目变更；同时针对变更问题，环境监理协助建设单位向环保主管部门汇报并办理相关环保手续，将项目变更及时纳入环保管理范围内，减轻了环境管理压力，降低了环境管理风险。

（3）针对各表面处理车间制定了统一的整改技术规范；在本项目中，由于集聚区内车间数量众多，在整改建设前统一思想尤为重要，通过环保咨询服务，环境监理发挥技术优势从项目各方面确定了符合环保要求的整改方向，配套制定了技术规范作为理论支撑，避免了投资浪费，为企业赢得了经济和环保效益。

（4）在本项目中，环境监理建立汇报制度，使园区建设单位和环保主管部门均及时了解园区的具体建设情况和存在的环保问题；同时建立了环保沟通、协调、会商机制，及时就项目建设情况、存在问题进行沟通、协调、会商以确定下一步计划，促成了企业内部环境管理和行政外部环保监管的有机结合。

## 5.2 环境监理思考

当前，建设项目在建设过程环保措施和设施"三同时"落实不到位、未经批准建设内容擅自发生重大变动、未经检查同意擅自投入试生产等违法现象仍较为普遍，由此引发的环境污染和生态破坏事件时有发生。由于各级环保部门监管力量不足，难以对所有建设项目进行全面的"三同时"监督检查和日常检查，使得项目建设过程中产生的环境问题在投产后集中体现，给环保验收管理带来很大压力。环境监理作为环境管理的延伸，立足于环境保护，通过"监督、核查、汇报、咨询"等方式支撑监管、服务企业，有利于强化建设项目全过程管理，改变环境管理重审批轻监管的局面，减少环境污染问题；有利于环保监管部门日常管理工作，提供技术支持以深化环境管理范畴；有利于提高企业自身环保管理水平，促进项目和谐顺利实施。

经过实践，环境监理在实际开展中表现出了以下特点：

（1）调查项目变更，支撑环境监管。建设项目建设的实际情况常较环评出现调整，如工程规模、线路走向、产品方案、生产工艺等，造成环评预测的环境影响、污染排放情况变化，污染防治、生态保护等措施也需相应调整，环保监管难度较大。因此，贯穿整个建设过程的环境监理应通过在项目的设计、施工和试生产等阶段调查项目实际建设情况，对项目存在的变更及时掌握，建议建设单位针对变更按照环保管理要求办理相关手续，促进了建设项目环境管理由事后管理向事前、事中管理的转变。

浙江环科工程监理有限公司通过这几年环境监理工作的不断总结、摸索，与环保主管部门逐步建立了联动机制。在部分地区，根据当地环保主管部门的要求，环境监理在一定意义上起到了环境协管的作用。环境协管主要是环境监理单位发挥技术水平和项目全过程跟踪优势，协同环保主管部门现场检查，加强项目建设中环保工作的指导，共同分析企业建设过程中存在的环保问题，协调解决方案，切实解决了项目建设过程中存在的客观困难，进一步提高了监管效率。

（2）提供环保咨询，服务建设单位。由于建设单位自身的环保理念及技术水平限制，通常对项目环评及批复要求不能有效落实，更谈不上采取先进环保治理措施和管理体系，难以提升环境管理水平和整体环境质量。因此，通过环境监理为企业提供的全过程专业环保咨询服务，帮助建设单位落实项目环评及批复中的要求，可以提高建设单位环保技术和管理水平，创造经济和环境价值，充实了环境监理工作内涵。

（3）贯穿三个阶段，注重全过程。环境监理包括项目设计期、施工期、试运行（生产）期三个阶段，实行"全过程"监理。通过贯穿建设全过程的现场监理工作，环境监理在项目设计、施工、试生产期均可发挥重要作用，如在设计阶段进行设计审核，监督"同时设计"落实；在施工阶段对施工过程实施环保监督，督促"同时施工"；在试生产阶段关注污染防治措施"同时运行"情况，完善企业环保管理制度等。